Wallace D. Wattles

Die Wissenschaft des Reichwerdens

Wallace D.

WATTLES

Die Wissenschaft des Reichwerdens

Aus dem Englischen von
Johanna Ellsworth

NIKOL
VERLAG

Die amerikanische Originalausgabe erschien erstmals 1910 bei
Elizabeth Towne Company, Holyoke, Massachusetts,
unter dem Titel *The Science of Getting Rich*.

FSC
www.fsc.org
MIX
Papier | Fördert
gute Waldnutzung
FSC® C083411

15. Auflage 2025

Satz und Layout: Nikol Verlag, Hamburg
Umschlaggestaltung: Nele Schütz Design unter
Verwendung von AdobeStock/Rizzz
Druck und Bindung: CPI Moravia Books s.r.o.
Printed in the Czech Republic

ISBN: 978-3-86820-034-8

info@nikol-verlag.de
www.nikol-verlag.de

Inhalt

Vorwort ... 6

1. Das Recht, reich zu sein ... 8
2. Es gibt eine Wissenschaft, wie man reich wird ... 12
3. Gibt es ein Monopol auf Chancen? ... 17
4. Der erste Grundsatz der Wissenschaft des Reichwerdens ... 22
5. Das Leben erweitern ... 28
6. Wie die Reichtümer zu Ihnen gelangen ... 34
7. Dankbarkeit ... 40
8. Die richtige Art zu denken ... 45
9. Wie man die Willenskraft nutzt ... 50
10. Die weitere Anwendung der Willenskraft ... 56
11. Die richtige Art zu handeln ... 62
12. Die wirksame Handlung ... 69
13. In die richtige Tätigkeit einsteigen ... 74
14. Wachstum übermitteln ... 79
15. Im Leben weiterkommen ... 84
16. Ein paar warnende Hinweise und Schlussbemerkungen ... 89
17. Zusammenfassung der Wissenschaft des Reichwerdens ... 95

Vorwort

DIESES Buch ist pragmatisch, nicht philosophisch. Es ist eine praktische Anleitung, keine theoretische Abhandlung. Es ist für die Männer und Frauen gedacht, deren wichtigste Notwendigkeit Geld ist, die erst reich werden und dann darüber philosophieren wollen. Es ist für diejenigen, die bisher weder die Zeit noch die Mittel noch die Gelegenheit hatten, sich in metaphysische Studien zu vertiefen, die jedoch Resultate wünschen und bereit sind, die wissenschaftlichen Ergebnisse als Handlungsgrundlage zu nehmen, ohne alle Gedankengänge nachvollziehen zu wollen, die zu diesen Folgerungen geführt haben.

Es wird vom Leser erwartet, die Grundaussagen so zu glauben, wie er auch Aussagen über die Gesetzmäßigkeit der Elektrik glauben würde, wenn ein Marconi oder ein Edison sie gemacht hätte, und ihre Wahrheit dadurch zu beweisen, dass er ohne Angst oder Zögern nach ihr handelt. Alle Männer und alle Frauen, die das tun, werden mit Sicherheit reich werden, denn die hier angewandte Wissenschaft ist eine genaue Wissenschaft und ihr Scheitern ist unmöglich. Doch für diejenigen, die die philosophischen Theorien untersuchen und eine logische Grundlage für ihren Glauben sicherstellen möchten, werde ich im Folgenden bestimmte Autoritäten auf dem Gebiet nennen.

Die monistische Theorie über das Universum, die Theorie, dass das Eine alles ist und dass alles eins ist, dass eine Materie sich als die scheinbar vielen Elemente der materiellen Welt umsetzt, stammt aus dem Hinduismus und ist in den letzten beiden Jahrhunderten langsam ins Bewusstsein der westlichen Welt vorgedrungen. Es ist die Grundlage, auf der alle orientalischen Philosophien und auch die von Descartes, Spinoza, Leibniz, Schopenhauer, Hegel und Emerson beruhen.

Dem Leser, der sich in diese philosophischen Grundlagen vertiefen möchte, ist geraten, selbst Hegel und Emerson zu lesen.

Beim Schreiben dieses Buchs habe ich alle weiteren Überlegungen der Einfachheit des Stils geopfert, damit alle Leser es verstehen. Der hier dargelegte Handlungsplan erschließt sich aus den Schlussfolgerungen der Philosophie. Er wurde sorgfältig geprüft und bestand den höchsten Test des praktischen Experiments. Er funktioniert tatsächlich. Wenn Sie wissen wollen, wie die Schlussfolgerungen gezogen wurden, dann lesen Sie die Schriften der oben genannten Autoren, und wenn Sie die Früchte ihrer Philosophien ganz praktisch ernten möchten, lesen Sie dieses Buch und tun Sie genau das, was es Ihnen zu tun rät.

Der Verfasser

KAPITEL 1

Das Recht, reich zu sein

WAS auch immer zum Lobe der Armut gesagt werden mag, Tatsache ist, dass es nicht möglich ist, ein vollständiges oder erfolgreiches Leben zu leben, solange man nicht reich ist. Kein Mensch kann seine Talente oder seine Seele im höchsten Maß entfalten, wenn er nicht genügend Geld hat, denn um die Seele zu entfalten und seine Begabungen zu entwickeln, braucht er viele Dinge, und diese Dinge kann er nicht haben, solange er nicht das Geld dazu hat, sie zu kaufen.

Ein Mensch entwickelt sich geistig, seelisch und körperlich, indem er Dinge nutzt, und die Gesellschaft ist so strukturiert, dass ein Mensch Geld braucht, um diese Dinge zu erwerben. Die Basis für jeden Fortschritt des Menschen muss daher die Wissenschaft, wie man reich wird, sein.

Das Ziel eines jeden Lebens ist die Weiterentwicklung, und jedes Lebewesen hat das unwiderrufliche Recht auf alle Weiterentwicklung, die es erreichen kann.

Das Recht des Menschen auf Leben bedeutet das Recht auf freie und uneingeschränkte Nutzung aller Dinge, die er für seine vollständige geistige, spirituelle und physische Entfaltung brauchen könnte – anders ausgedrückt: das Recht auf Reichtum.

In diesem Buch werde ich nicht über theoretischen Reichtum sprechen. Wirklich reich zu sein bedeutet nicht, sich mit ein bisschen zufriedenzugeben. Kein Mensch sollte sich mit ein bisschen zufriedengeben, wenn er fähig ist, mehr zu nutzen und sich an mehr zu erfreuen. Der Sinn der Natur ist die Förderung und Entfaltung von Leben, und jeder Mensch sollte alles haben, was die Macht, die Eleganz, die Schönheit und den Überfluss des Lebens steigert. Sich mit weniger zufrieden zu geben ist eine Sünde.

Der Mensch, der alles hat, was er will, um das Leben zu leben, dessen er fähig ist, ist reich, und kein Mensch, der nicht genug Geld hat, kann alles haben, was er will. Das Leben hat sich so entwickelt und ist so komplex geworden, dass selbst der durchschnittlichste Mensch eine große Menge an Wohlstand braucht, um auf eine Weise zu leben, die auch nur annähernd an Ganzheit herankommt. Jeder möchte natürlich alles werden, dessen er fähig ist. Diese Sehnsucht, von der Natur gegebene Möglichkeiten auszuleben, gehört zum menschlichen Wesen. Wir können gar nicht umhin, alles sein zu wollen, was wir sein können. Erfolg im Leben bedeutet, zu werden, was man sein will. Man kann nur das werden, was man sein will, wenn man Dinge nutzt, und man kann Dinge nur dann frei nutzen, wenn man reich genug wird, um sie zu kaufen. Die Wissenschaft des Reichwerdens zu verstehen, ist daher das allerwichtigste Wissen überhaupt.

Es ist nichts Schlechtes daran, reich werden zu wollen. Das Verlangen nach Wohlstand ist in Wahrheit das Verlangen nach einem reicheren, erfüllteren und abwechslungsreicheren Leben, und dieser Wunsch ist lobenswert. Der Mensch, der sich nicht nach einem erfüllteren Leben sehnt, ist unnormal, und daher ist auch der Mensch unnormal, der nicht genug Geld haben will, um alles kaufen zu können, was er will.

Unser Leben umfasst drei Ebenen: den Körper, den Geist, und die Seele. Keine dieser drei Ebenen ist besser oder heiliger als die anderen; alle sind gleich wichtig, und keine der drei Ebenen ist vollkommen, wenn nicht alle drei Ebenen vollkommen sind. Es ist weder richtig noch edel, nur für die Seele zu leben und den Geist und den Körper zu verleugnen; und es ist genauso falsch, nur für den Geist zu leben und Körper oder Seele zu verleugnen.

Wir alle kennen die schrecklichen Folgen, wenn man nur für den Körper lebt und Geist und Seele verleugnet, und wir sehen, dass das *wahre* Leben den vollständigen Ausdruck all dessen, was ein Mensch durch Körper, Geist und Seele erreichen kann, bedeutet. Was immer er auch behaupten mag, kein Mensch kann wirklich glücklich oder zufrieden sein, solange sein Körper nicht jede Funktion völlig auslebt und solange dasselbe auch für seinen Geist und seine Seele gilt. Wo immer es Möglichkeiten gibt, die nicht zum Ausdruck kommen, oder Funktionen, die nicht ausgeführt werden, gibt es unbefriedigtes Verlangen. Das Verlangen ist die Möglichkeit, die sich auszudrücken sucht, oder die Funktion, die ausgeführt werden will.

Der Mensch kann nicht ohne gute Nahrung, bequeme Kleidung und ein warmes Zuhause und ohne die Befreiung von übermäßigen körperlichen Anstrengungen erfüllt in seinem Körper leben. Auch Rast und Freizeit sind für sein physisches Leben erforderlich.

Er kann ohne Bücher und die Zeit, sie zu studieren, ohne die Gelegenheit zu reisen und zu beobachten oder ohne ein geistiges Umfeld kein erfülltes geistiges Leben führen.

Um geistig erfüllt zu sein, braucht er intellektuelle Freizeitbeschäftigungen und muss sich mit all den Objekten der Kunst und der Schönheit umgeben, die er nutzen und schätzen kann.

Um seelisch erfüllt zu leben, braucht der Mensch Liebe, und die Armut verleugnet den Ausdruck der Liebe.

Das höchste Glück erlebt der Mensch, wenn er denjenigen, die er liebt, Gutes zukommen lassen kann; die Liebe findet ihren natürlichsten und spontansten Ausdruck im Geben. Der Mensch, der nichts zu geben hat, kann seine Aufgabe als Mann oder Vater, als Bürger oder Mensch nicht erfüllen. In der Anwendung von materiellen Dingen findet ein Mensch körperliche, geistige und seelische Erfüllung. Es ist daher für ihn absolut notwendig, reich zu sein.

Es ist vollkommen in Ordnung, dass Sie reich sein wollen. Wenn Sie ein normaler Mann oder eine normale Frau sind, können Sie gar nicht umhin, sich das zu wünschen. Es ist vollkommen in Ordnung, dass Sie sich der Wissenschaft des Reichwerdens widmen, denn sie ist die edelste und wichtigste aller Studien. Wenn Sie es versäumen, sie zu studieren, versäumen Sie Ihre Pflichten gegenüber sich selbst, Gott und der Menschheit, da Sie Gott und der Menschheit keinen größeren Dienst erweisen können als den, das meiste aus sich zu machen.

KAPITEL 2

Es gibt eine Wissenschaft, wie man reich wird

ES gibt eine Wissenschaft, wie man reich wird, und sie ist wie Algebra oder Arithmetik. Es gibt bestimmte Gesetze, die den Prozess des Reichwerdens lenken. Sobald ein Mensch diese Gesetze lernt und befolgt, wird er mit mathematischer Sicherheit reich werden.

Der Besitz von Geld und Eigentum ist das Ergebnis, gewisse Dinge auf eine gewisse Art zu tun. Wer diese Dinge auf diese bestimmte Weise ausführt, egal ob absichtlich oder zufällig, wird reich. Wer diese Dinge nicht auf diese bestimmte Weise tut, bleibt arm, egal wie sehr er sich abmüht oder wie qualifiziert er ist.

Es ist ein Naturgesetz, dass gleiche Ursachen immer gleiche Wirkungen hervorrufen. Deswegen wird jeder Mensch, der lernt, Dinge auf diese bestimmte Weise zu tun, unweigerlich reich werden. Dass die obige Aussage zutrifft, zeigen die folgenden Fakten:

Reich zu werden ist keine Frage der Umwelt, denn wenn es so wäre, dann würden alle Leute in bestimmten Gebieten wohlhabend werden; dann wären alle Einwohner einer Stadt reich, während die Menschen in anderen Städten alle arm wären, oder die Bürger eines Bundesstaats würden in Geld schwimmen, während die eines benachbarten Bundesstaats in Armut leben müssten.

Doch wir sehen überall Reiche und Arme Seite an Seite in derselben Umwelt leben und oft auch denselben Berufen nachgehen. Wenn zwei Menschen in derselben Umgebung wohnen und in derselben Branche tätig sind und einer von ihnen reich wird, während der andere arm bleibt, dann zeigt dies, dass das Reichwerden keine grundsätzliche Frage der Umgebung ist. Manche Umgebungen können zwar günstiger sein als andere, doch wenn zwei Menschen in derselben Branche und in derselben Nachbarschaft sind und einer von ihnen wohlhabend wird, während der andere scheitert, deutet das darauf hin, dass das Reichwerden das Ergebnis von Faktoren ist, die auf eine bestimmte Weise ausgeführt werden.

Des Weiteren ist die Fähigkeit, etwas auf diese bestimmte Weise auszuführen, nicht nur auf Talent zurückzuführen, da viele Menschen mit großen Begabungen arm bleiben, während andere mit nur sehr wenig Talent reich werden.

Wenn wir Leute, die reich geworden sind, untersuchen, stellen wir fest, dass sie in sämtlichen Beziehungen Durchschnitt sind. Sie haben keine stärkeren Talente und Fähigkeiten als andere Menschen vorzuweisen. Es ist offensichtlich, dass sie nicht reich werden, weil sie Talente und Fähigkeiten besitzen, die anderen fehlen, sondern weil sie Dinge auf eine bestimmte Weise tun.

Das Reichwerden ist nicht das Resultat von Sparen oder »Sparsamkeit«; viele geizige Menschen sind arm, während verschwenderische Leute oft reich werden.

Auch hängt das Reichwerden nicht davon ab, Dinge zu tun, die andere nicht tun, denn zwei Leute im selben Beruf tun häufig genau dieselben Dinge, und einer von ihnen wird reich, während der andere arm bleibt oder gar Insolvenz anmelden muss.

Aus all diesen Punkten müssen wir schlussfolgern, dass das Reichwerden das Ergebnis der Ausführung von Dingen auf eine bestimmte Weise ist.

Wenn das Reichwerden das Ergebnis der Ausführung von Dingen auf eine bestimmte Weise ist und wenn die gleichen Ursachen immer die gleichen Wirkungen hervorbringen, dann können alle Menschen, die Dinge auf diese Weise ausführen, reich werden und dann wird die ganze Angelegenheit zu einer exakten Wissenschaft.

Es stellt sich hier die Frage, ob diese bestimmte Weise möglicherweise so schwierig ist, dass nur ein paar wenige sie ausführen können. Wie wir gesehen haben, kann das nicht der Fall sein, soweit es natürliche Fähigkeiten betrifft. Begabte Menschen werden reich und Nichtskönner werden auch reich; intellektuell hervorragende Menschen werden reich, und ebenso werden absolute Schwachköpfe reich; körperlich starke Menschen werden reich und auch kränkliche Schwächlinge werden reich.

Natürlich ist ein gewisser Grad an Denkvermögen oder Intelligenz erforderlich, doch soweit es natürliche Fähigkeiten betrifft, können jeder Mann und jede Frau, die genug Verstand besitzen, diese Worte zu lesen und zu begreifen, mit Sicherheit reich werden.

Auch haben wir erfahren, dass es keine Frage der Umwelt ist. Völlig unerheblich ist der Standort jedoch nicht; schließlich würde man nicht mit der Erwartung, erfolgreich Geschäfte zu machen, mitten in die Sahara gehen.

Das Reichwerden bringt die Notwendigkeit mit sich, mit Menschen umzugehen und dort zu sein, wo es Menschen gibt, mit denen man umgehen kann, und wenn diese Menschen bereit sind, sich so zu verhalten, wie Sie es wollen, dann ist das umso besser. Doch das ist auch schon so ziemlich alles, was die Umgebung betrifft.

Wenn ein anderer in Ihrer Stadt reich werden kann, dann können Sie das auch, und wenn jemand in Ihrem Bundesstaat reich werden kann, dann können Sie das genauso gut.

Noch einmal: Es ist keine Frage der Auswahl eines bestimmten Unternehmens oder Berufs. Leute werden mit jeder Art von Unternehmen und in jedem Beruf reich, während ihre Nachbarn im selben Beruf in Armut verharren.

Es stimmt, dass Sie die größten Erfolge mit einer Tätigkeit haben werden, die Ihnen Spaß macht und liegt, und wenn Sie gewisse Begabungen haben, die gut entwickelt sind, werden Sie mit einer Tätigkeit, in der diese Begabungen ausgeübt werden müssen, am erfolgreichsten sein.

Auch werden Sie den größten Erfolg mit einem Unternehmen haben, das zu Ihrem Standort passt. Mit einer Eisdiele kann man in einem warmen Klima mehr verdienen als in Grönland, und eine Lachsfischerei wird im Nordwesten der USA erfolgreicher sein als in Florida, wo es keine Lachse gibt.

Doch abgesehen von diesen generellen Einschränkungen hängt das Reichwerden nicht davon ab, in welcher Branche Sie arbeiten, sondern davon, ob Sie lernen, Dinge auf eine bestimmte Weise zu tun. Wenn Sie schon ein Unternehmen haben und jemand anderes in Ihrer Umgebung mit dem gleichen Unternehmen reich wird, während Sie nicht reich werden, liegt das daran, dass Sie Dinge nicht auf dieselbe Weise wie der andere tun.

Niemand wird durch Mangel an Kapital am Reichwerden gehindert. Es trifft zwar zu, dass das Wachstum leichter und schneller erfolgt, wenn Sie Kapital haben, doch jemand, der Kapital hat, ist schon reich und braucht nicht länger darüber nachzudenken, wie er es wird. Ganz egal, wie arm Sie sein mögen – wenn Sie damit anfangen, die Dinge auf eine bestimmte Weise zu tun, werden Sie anfangen, reich zu werden, und Sie werden beginnen, Kapital zu haben. Das Ansammeln von Kapital ist ein Teil des Prozesses des Reichwerdens, und es ist auch ein Teil des Ergebnisses, das unweigerlich folgt, wenn man Dinge auf diese bestimmte Weise ausführt. Sie können der ärmste Mensch auf dem Kontinent und hoch verschuldet sein; Sie können weder Freunde, Einfluss noch Ressourcen haben, doch wenn Sie anfangen, Dinge auf diese Weise zu tun, müssen Sie unweigerlich beginnen, reich zu werden, denn gleiche Ursachen müssen gleiche Wirkungen haben. Wenn Sie kein Kapital haben, können Sie sich Kapital verschaffen; wenn Sie die falsche Tätigkeit ausüben, können Sie in die richtige Tätigkeit überwechseln; wenn Sie sich am falschen Standort befinden, können Sie zum richtigen Standort überwechseln; und das können Sie tun, *indem Sie in Ihrer jetzigen Tätigkeit und an Ihrem gegenwärtigen Standort anfangen, Dinge auf eine bestimmte Weise zu tun, die zum Erfolg führt.*

KAPITEL 3

Gibt es ein Monopol auf Chancen?

NIEMAND bleibt arm, weil ihm die Chancen weggenommen wurden, weil andere ein Monopol auf Reichtum haben und einen Zaun darum errichtet haben. Es mag zwar sein, dass Sie davon abgehalten werden, gewisse Unternehmen in bestimmten Branchen durchzuführen, doch es gibt andere Kanäle, die Ihnen offenstehen. Wahrscheinlich wäre es schwierig für Sie, sich die Kontrolle über eines der großen Eisenbahnunternehmen anzueignen; dieser Industriezweig ist ziemlich monopolisiert. Doch die elektrische Eisenbahnindustrie steckt immer noch in den Kinderschuhen und bietet eine große Auswahl an Geschäftsbereichen, und das wird sie noch ein paar Jahre tun, bis der Luftverkehr zu einer wichtigen Industrie ausgebaut sein wird und in all seinen Branchen Hunderttausenden, vielleicht sogar Millionen von Menschen Beschäftigung bieten wird. Warum richten Sie Ihren Fokus nicht auf die Entwicklung des Lufttransports, statt mit J. J. Hill und anderen um eine Gelegenheit in der Welt der Dampfloks zu konkurrieren?

Es ist richtig, dass Sie, wenn Sie ein Arbeiter in der Stahlindustrie sind, nur eine sehr geringe Chance haben, Eigentümer der Fabrik zu werden, in der Sie beschäftigt sind. Doch genauso richtig ist es, dass Sie Ihre Stelle in der Stahlfabrik bald kündigen können, wenn Sie damit anfangen, Dinge auf eine bestimmte Weise zu tun. Dann können Sie sich einen Bauernhof in der Größe zwischen zehn und vierzig Morgen kaufen und Nahrungsmittel herstellen. Es bestehen zurzeit gute Chancen für Menschen, die bereit sind, kleine Landstücke intensiv zu kultivieren; diese Leute werden mit Sicherheit reich werden. Vielleicht sagen Sie nun, dass es Ihnen unmöglich ist, das

Land zu erwerben, doch ich werde Ihnen beweisen, dass es nicht unmöglich ist und dass Sie sicherlich einen Bauernhof erwerben können, wenn Sie auf eine bestimmte Weise aktiv werden.

Zu unterschiedlichen Zeiten entwickeln sich die Chancen je nach den Bedürfnissen des Ganzen und je nach Stand der Gesellschaft, in verschiedene Richtungen. Gegenwärtig bewegen sie sich in die Richtung der Landwirtschaft, der damit verbundenen Industriezweige und Berufe. Heutzutage bieten sich dem Fabrikarbeiter in seiner Branche Möglichkeiten. Sie bieten sich dem Geschäftsmann, der den Bauern beliefert, stärker als dem, der für den Fabrikarbeiter produziert, und dem Dienstleistenden, der den Bauern bedient, mehr als dem, der die Arbeiterklasse bedient.

Für den Menschen, der mit dem Strom statt gegen ihn schwimmt, gibt es einen Überfluss an Gelegenheiten.

Weder individuell noch als Gesellschaftsschicht sind Fabrikarbeiter daher chancenlos. Die Arbeiter werden nicht von ihren Arbeitgebern »unterdrückt«; sie werden nicht von den Kartellen und Kapitalgesellschaften »unten gehalten«. Als Schicht der Gesellschaft sind sie dort gelandet, wo sie sind, weil sie Dinge nicht auf eine bestimmte Weise tun. Wenn die Arbeiter von Amerika sich dazu entschließen würden, das zu tun, könnten sie dem Beispiel ihrer Kollegen in Belgien und anderen Ländern folgen und wie sie große Kaufhäuser und kooperative Industriezweige aufbauen; sie könnten Männer ihrer eigenen Schicht ernennen und Gesetze erlassen, die die Entwicklung solcher kooperativen Industriezweige fördern, und in wenigen Jahren könnten sie die Industrie auf friedliche Weise übernehmen.

Die Arbeiterklasse kann zur Herrenklasse werden, wann immer sie damit beginnt, Dinge auf eine bestimmte Weise zu tun. Das Gesetz des Reichtums gilt für sie genauso wie für alle anderen auch. Das müssen sie begreifen, und solange sie ihr Verhalten nicht ändern, werden sie dort bleiben, wo sie sind. Doch der einzelne Arbeiter wird vom Unwissen oder der geistigen Faulheit seiner Gesellschaftsschicht nicht daran gehindert, die Chancen auf Reichtum zu nutzen, und dieses Buch wird ihm aufzeigen, wie das geht.

Niemand wird durch einen Mangel an Überfluss arm gehalten; es gibt mehr als genug für alle. Allein aus den Baumaterialien der USA lässt sich für jede Familie auf der Erde ein Palast so groß wie das Capitol in Washington errichten, und durch eine intensive Kultivierung könnte dieses Land genug Baumwolle, Leinen und Seide herstellen, um jeden Menschen auf der Welt vornehmer als Salomon in seiner ganzen Pracht auszustatten, und dazu genügend Lebensmittel, um alle wie Könige zu speisen.

Der sichtbare Bestand ist praktisch unerschöpflich und der unsichtbare Bestand ist TATSÄCHLICH unerschöpflich.

Alles, was Sie auf der Erde sehen, stammt aus einer ursprünglichen Substanz, aus der alles entsteht.

Ständig entstehen neue Formen und lösen sich ältere Formen auf, doch alle sind Formen, die von dem einen Ding stammen.

Der Bestand der formlosen Materie oder ursprünglichen Substanz ist grenzenlos. Daraus besteht das Universum, doch beim Entstehen des Universums wurde nicht die gesamte Materie verbraucht. Der Raum in, durch und zwischen den Formen des sichtbaren Universums ist von der ursprünglichen Substanz, der formlosen Materie, dem Rohstoff aller Dinge, durchdrungen und angefüllt. Es könnte immer noch zehntausendmal soviel erschaffen werden, wie schon erschaffen wurde, und selbst dann hätten wir den Bestand des universellen Rohmaterials noch längst nicht erschöpft.

Daher ist kein Mensch arm, weil die Natur arm wäre oder weil es nicht genügend für alle gäbe.

Die Natur ist ein unerschöpfliches Lager an Reichtümern. Dieser Vorrat wird nie ausgehen. Die ursprüngliche Substanz ist lebendig und voller schöpferischer Energie und sie erschafft ständig neue Formen. Wenn der Bestand an Baumaterialien erschöpft ist, wird mehr davon produziert; wenn der Boden ausgelaugt ist, sodass keine Nahrungsmittel und Materialien für Kleidung mehr darauf wachsen, wird er erneuert oder mehr Mutterboden entsteht. Wenn alles Gold und Silber aus der Erde geholt worden ist und der Mensch sich immer noch in einem Stadium der gesellschaftlichen Entwicklung befindet, in dem er Gold und Silber braucht, dann wird aus dem Formlosen mehr davon entstehen. Die formlose Materie reagiert auf die Bedürfnisse der Menschen und lässt sie nicht im Stich.

Dies trifft auf die kollektive Menschheit zu. Die menschliche Rasse als Ganzes ist immer reich und befindet sich immer im Überfluss, und wenn einzelne Menschen arm sind, dann deshalb, weil sie die richtige Art und Weise nicht kennen, mit der Dinge getan werden, die den Einzelnen reich machen.

Die formlose Materie ist intelligent; sie ist ein Stoff, der denkt. Sie lebt und strebt ständig nach noch mehr Leben.

Der natürliche und angeborene Instinkt des Lebens ist das Streben nach noch mehr Leben. Es liegt im Wesen der Intelligenz, sich auszudehnen, und in der Natur des Bewusstseins, danach zu streben, seine Grenzen zu erweitern und sich noch vollständiger auszudrücken. Das Universum der Formen ist von der formlosen lebendigen Substanz erschaffen worden, die sich in Form verwandelt hat, um sich noch vollständiger Ausdruck zu verleihen.

Das Universum ist eine mächtige lebende Präsenz, die gemäß ihrer Natur nach noch mehr Leben und erfüllterem Wirken strebt.

Die Natur ist auf den Fortschritt des Lebens ausgerichtet; ihr zwingendes Motiv ist das Wachstum von Leben. Aus diesem Grund wird alles, was dem Leben irgendwie förderlich sein kann, im Überfluss zur Verfügung gestellt. Es kann keinen Mangel geben, wenn Gott sich nicht selbst widerspricht und sein eigenes Werk verneint.

Sie werden nicht durch einen Mangel an Überfluss arm gehalten; ein wenig weiter unten werde ich die Tatsache aufzeigen, dass sogar die Ressourcen der formlosen Materie den Männern und Frauen dienen, die auf eine bestimmte Weise denken und handeln.

KAPITEL 4

Der erste Grundsatz der Wissenschaft des Reichwerdens

GEDANKEN sind die einzige Macht, die aus der formlosen Materie greifbare Reichtümer entstehen lassen können. Der Stoff, aus dem alles gemacht wird, ist eine denkende Substanz, und der Gedanke einer Form in dieser Substanz erschafft die Form.

Die ursprüngliche Substanz bewegt sich gemäß ihrer Gedanken; jede Form und jeder Vorgang, die Sie in der Natur sehen, sind der sichtbare Ausdruck eines Gedankens in der ursprünglichen Substanz. Indem die formlose Materie sich eine Form ausdenkt, nimmt sie diese Form an; indem sie sich eine Bewegung ausdenkt, führt sie diese Bewegung aus. Das ist die Weise, auf die alle Dinge erschaffen werden. Wir leben in einer Gedankenwelt, die Teil eines Gedankenuniversums ist. Der Gedanke an ein Universum in Bewegung erstreckte sich durch die formlose Materie, und der denkende Stoff, der sich gemäß diesem Gedanken bewegte, nahm die Form von Planetensystemen an und behält diese Form bei. Denkende Substanz nimmt die Form ihres Gedankens an und bewegt sich gemäß dem Gedanken. Indem sie die Vorstellung eines kreisenden Systems von Sonnen und Welten aufrechterhält, nimmt sie die Form dieser Himmelskörper an und bewegt sie, wie sie denkt. Indem sie die Form einer Eiche, die langsam wächst, denkt, bewegt sie sich entsprechend und erschafft den Baum, auch wenn es Jahrhunderte dauern mag. Beim Erschaffen scheint sich das Formlose gemäß der Bewegungsrichtlinien, die es errichtet hat, zu bewegen; der Gedanke an eine Eiche lässt keine sofortige Bildung eines gewachsenen Baums entstehen, doch er setzt die Kräfte in Bewegung, die den Baum gemäß etablierter Wachstumsrichtlinien entstehen lassen.

Jeder Gedanke an Form, der in der denkenden Substanz besteht, bewirkt die Erschaffung dieser Form, doch immer – oder zumindest im Allgemeinen – gemäß der schon etablierten Richtlinien von Wachstum und Handlung.

Wenn der Gedanke an eine bestimmte Hauskonstruktion der formlosen Substanz übermittelt wird, bewirkt er vielleicht nicht die sofortige Entstehung des Hauses, doch er bewirkt, dass schöpferische Energien, die schon in Industrie und Handel existieren, in Richtungen gelenkt werden, die zum raschen Errichten des Hauses führen. Und wenn noch keine Kanäle existieren würden, durch die die schöpferische Energie wirken kann, so würde das Haus direkt aus Primärsubstanz geformt werden, ohne die langsamen Prozesse der organischen und anorganischen Welt abzuwarten.

Kein Gedanke an Form kann der ursprünglichen Substanz übermittelt werden, ohne die Erschaffung der Form zu bewirken.

Der Mensch ist ein denkendes Zentrum und kann Gedanken erschaffen. Alle Formen, die der Mensch mit den Händen entstehen lässt, müssen zuerst in seinen Gedanken existieren; er kann keine Sache formen, bevor er die Sache gedacht hat.

Und bisher hat der Mensch seine Bemühungen vollkommen auf die Arbeit seiner Hände beschränkt. Er hat körperliche Arbeit auf die Welt der Formen angewandt, um die schon bestehenden Formen zu ändern oder umzuwandeln. Er hat noch nie versucht, die Entstehung neuer Formen zu bewirken, indem er seine Gedanken der formlosen Substanz übermittelt hat.

Wenn der Mensch eine Gedankenform hat, nimmt er das Material aus den Formen der Natur und schafft ein Bild der Form, die er im Kopf hat. Er hat sich bisher kaum oder gar nicht darum bemüht, mit der formlosen Intelligenz, dem »Vater«, zusammenzuarbeiten. Er hat nicht davon geträumt, dass er das tun kann, was er die Schöpfung tun sieht. Durch manuelle Arbeit verändert und gestaltet der Mensch existierende Formen neu; er hat sich die Frage, ob er aus der formlosen Substanz Dinge erschaffen kann, indem er ihr seine Gedanken mitteilt, noch nie gestellt. Wir machen den Vorschlag, zu beweisen, dass jeder Mensch das tun kann, und zu zeigen, wie es geht. Als ersten Schritt müssen wir drei Grundsätze festlegen.

Zunächst müssen wir uns bewusst machen, dass es eine ursprüngliche Materie oder Substanz gibt, aus der alles gemacht wird. Alle scheinbar so vielen Elemente sind nichts als verschiedene Darstellungen eines einzigen Elements; all die vielen Formen, die sich in der organischen und anorganischen Natur finden, sind nur verschiedene Formen, die aus demselben Stoff gemacht sind. Und dieser Stoff ist denkende Materie; ein Gedanke, der in ihr festgehalten wird, generiert die Form des Gedankens. Gedanken in denkender Substanz produzieren Formen. Der Mensch ist ein denkendes Zentrum und ursprünglicher Gedanken fähig. Wenn der Mensch der ursprünglichen denkenden Substanz seine Gedanken mitteilen kann, kann er die Erschaffung oder Entstehung des Gegenstands, über den er nachdenkt, verursachen. Um es zusammenzufassen:

Es gibt eine denkende Substanz, aus der alle Dinge gemacht sind und die in ihrem ursprünglichen Zustand die Zwischenräume des Universums durchdringt und ausfüllt.

In dieser Substanz produziert ein Gedanke die Sache, die durch den Gedanken bildhaft dargestellt wird.

Der Mensch ist fähig, Dinge in Gedanken zu formen, und indem er der formlosen Substanz seine Gedanken übermittelt, kann er die Sache erschaffen, an deren Erschaffung er denkt.

Sie mögen fragen, ob ich diese Aussagen beweisen kann, und ohne in Einzelheiten zu gehen, antworte ich, dass ich das von der Logik und meiner Erfahrung her kann.

Wenn ich hinter das Phänomen von Form und Gedanken schaue, erhalte ich eine ursprüngliche Denksubstanz, und wenn ich vor diese Denksubstanz blicke, erhalte ich die Fähigkeit des Menschen, die Sache, an die er denkt, zu bewirken.

Und Experimente zeigen, dass die Folgerung richtig ist. Das ist mein stärkster Beweis.

Wenn ein Leser dieses Buches dadurch, dass er die Anleitungen befolgt, reich wird, dann ist das ein Beweis für meine Behauptung, doch wenn jeder Leser, der die Anleitungen im Buch befolgt, reich wird, dann ist das so lange der positive Beweis dafür, bis die Durchführung scheitert. Die Theorie stimmt, solange die Umsetzung nicht scheitert, doch sie wird nicht scheitern, denn jeder Mensch, der genau das tut, was dieses Buch ihm rät, wird reich werden.

Wie ich schon gesagt habe, werden die Menschen reich, wenn sie Dinge auf eine bestimmte Weise tun. Um das zu tun, müssen sie lernen, auf eine bestimmte Weise zu denken.

Die Art, wie jemand Dinge tut, ist das direkte Resultat der Art, wie er über Dinge nachdenkt.

Um eine Sache so zu tun, wie man sie bewirken möchte, muss man sich die Fähigkeit aneignen, so zu denken, wie man anstrebt zu denken. Das ist der erste Schritt zum Reichwerden.

Zu denken, wie man denken will, bedeutet, die WAHRHEIT zu denken, unabhängig davon, wie etwas erscheinen mag.

Jeder Mensch hat die natürliche und angeborene Fähigkeit, zu denken, was er denken will, doch es ist viel mühsamer, dies zu tun, als Gedanken zu denken, die davon geprägt sind, wie etwas zu sein scheint. Dem äußeren Anschein entsprechend zu denken ist leicht; die Wahrheit unabhängig vom Anschein einer Sache zu denken, ist mühsam und erfordert das Aufbringen von mehr Kraft als jede andere Anstrengung, die ein Mensch unternehmen kann.

Es gibt keine Anstrengung, vor der die meisten mehr zurückschrecken, als die von Gedanken, die hintereinander erfolgen und festgehalten werden. Das ist die härteste Arbeit der Welt. Dies trifft vor allem dann zu, wenn die Wahrheit dem äußeren Anschein widerspricht. Jeder Anschein in der sichtbaren Welt hat die Tendenz, eine ihm entsprechende Form im Geist, der ihn wahrnimmt, anzunehmen, und das lässt sich nur verhindern, indem am Gedanken der WAHRHEIT festgehalten wird.

Sich den Anschein von Krankheit anzusehen bedeutet, die Form der Krankheit in Ihrem eigenen Geist und letztendlich in Ihrem Körper zu erschaffen, es sei denn, Sie halten am Gedanken der Wahrheit fest, der lautet, dass es keine Krankheit gibt; sie ist nur ein Anschein, und die Wahrheit ist Gesundheit.

Sich die Erscheinungen von Armut anzusehen wird in Ihrem Geist entsprechende Formen bewirken – es sei denn, Sie halten an der Wahrheit fest, dass es keine Armut gibt; es gibt nur Überfluss.

Gesundheit zu denken, wenn man vom Anschein von Krankheit umgeben ist, oder Reichtum zu denken, wenn man sich mitten in den Erscheinungen von Armut befindet, erfordert Kraft, doch wer sich diese Kraft aneignet, wird einen MEISTERHAFTEN GEIST entwickeln. Er kann das Schicksal besiegen; er kann haben, was er will.

Diese Kraft lässt sich nur aneignen, indem man sich die grundsätzliche Tatsache aneignet, die hinter allem Anschein steht, und diese Tatsache ist die, dass es eine denkende Substanz gibt, aus der und durch die sämtliche Dinge gemacht sind.

Dann müssen wir die Tatsache begreifen, dass jeder Gedanke, der in dieser Substanz festgehalten wird, zu einer Form wird und dass der Mensch ihr seine Gedanken übermitteln kann, damit diese Form annehmen und zu sichtbaren Dingen werden.

Wenn uns das klar wird, verlieren wir sämtliche Zweifel und Ängste, weil wir dann wissen, dass wir erschaffen können, was wir erschaffen wollen, dass wir bekommen können, was wir haben wollen, und dass wir werden können, was wir sein möchten. Als den ersten Schritt zum Reichwerden müssen Sie die drei grundsätzlichen Aussagen glauben, die in diesem Kapitel oben aufgeführt werden, und um sie zu betonen, wiederhole ich sie hier noch einmal:

Es gibt eine denkende Substanz, aus der alle Dinge gemacht sind und die in ihrem ursprünglichen Zustand die Zwischenräume des Universums durchdringt und ausfüllt.

Ein Gedanke in dieser Substanz produziert die Sache, die der Vorstellung des Gedankens entspricht.

Der Mensch kann in Gedanken Dinge formen, und indem er seine Gedanken der formlosen Substanz übermittelt, kann er die Sache erschaffen, die er in Gedanken erschaffen will.

Sie müssen alle anderen Konzepte des Universums außer diesem monistischen ablegen, und Sie müssen sich so lange damit beschäftigen, bis es fest in Ihrem Geist verankert und zu Ihrem Gewohnheitsgedanken geworden ist. Lesen Sie diese Glaubensbekenntnisse immer wieder durch; verankern Sie jedes Wort in Ihrem Gedächtnis; und denken Sie so lange darüber nach, bis Sie fest daran glauben. Wenn Ihnen Zweifel daran kommen, dann wehren Sie sie ab wie eine Sünde. Hören Sie nicht auf Argumente, die dieser Vorstellung widersprechen, gehen Sie nicht in Gottesdienste oder Vorträge, in denen ein gegensätzliches Konzept gepredigt oder gelehrt wird. Lesen Sie keine Zeitschriften oder Bücher, die andere Meinungen verbreiten; wenn Sie in Ihrem Glauben verwirrt werden, werden all Ihre Bemühungen umsonst sein.

Fragen Sie nicht, warum diese Dinge wahr sind, und überlegen Sie auch nicht, wie sie wahr sein könnten. Akzeptieren Sie sie einfach als Wahrheit. Die Wissenschaft des Reichwerdens beginnt mit der völligen Akzeptanz dieses Glaubens.

KAPITEL 5

Das Leben erweitern

SIE müssen die letzten Überreste der Vorstellung abschütteln, dass es einen Gott gibt, dessen Wille es ist, dass Sie arm sind, oder dessen Ziel es sein könnte, Sie arm zu halten.

Die intelligente Substanz, die alles und in allem ist und die in allem und in Ihnen lebt, ist eine bewusste lebendige Substanz. Als bewusst lebende Substanz muss sie das Wesen jeder lebenden Intelligenz und das Verlangen nach einer Erweiterung des Lebens haben. Jedes Lebewesen muss ständig nach der Erweiterung seines Lebens streben, da sich das Leben im Akt des Lebens an sich erweitern muss.

Ein Samenkorn, das in die Erde gepflanzt wird, erwacht zur aktiven Handlung und produziert hundert weitere Samenkörner im Akt des Lebens. Das Leben vermehrt sich allein durch das Leben. Es ist immer dabei, mehr zu werden; um weiterhin zu bestehen, ist es gezwungen, dies zu tun.

Die Intelligenz unterliegt demselben Bedürfnis nach ständiger Erweiterung. Jeder Gedanke, den wir denken, zwingt uns, einen weiteren Gedanken zu denken; das Bewusstsein erweitert sich ständig. Jede Tatsache, die wir lernen, führt uns zum Lernen einer anderen Tatsache; unser Wissen erweitert sich andauernd. Jedes Talent, das wir kultivieren, weckt im Verstand das Verlangen, ein weiteres Talent zu entwickeln. Wir unterliegen dem Verlangen des Lebens, das danach strebt, sich auszudrücken, was uns antreibt, immer mehr zu wissen, immer mehr zu tun und immer mehr zu sein.

Um mehr zu wissen, zu tun und zu sein, müssen wir mehr haben. Wir brauchen Dinge, die wir anwenden können, da wir nur lernen, tun und werden, indem wir Dinge anwenden. Wir müssen reich werden, um mehr leben zu können.

Das Verlangen nach Reichtum ist nur die Fähigkeit des größeren Lebens, das seine Erfüllung sucht; jedes Verlangen ist die Bemühung einer nicht ausgedrückten Möglichkeit, sich umzusetzen. Es ist die Kraft, die danach strebt, sich zu manifestieren, die den Drang hervorruft. Das, was Sie dazu bringt, mehr Geld zu wollen, ist dasselbe wie das, was die Pflanze zum Wachsen antreibt; es ist das Leben, das einen vollständigeren Ausdruck anstrebt.

Die eine lebendige Substanz muss dieser Gesetzmäßigkeit, die für alles Leben gilt, unterworfen sein. Sie unterliegt dem Drang, mehr zu leben. Das ist der Grund, weshalb sie hinter der Notwendigkeit, Dinge zu erschaffen, steckt.

Diese eine Substanz strebt danach, mehr in Ihnen zu leben; deshalb will sie, dass Sie alle Dinge haben, die Sie nutzen können.

Es ist der Wille Gottes, dass Sie reich werden. Er will, dass Sie reich sind, weil er sich besser durch Sie Ausdruck verleihen kann, wenn Sie genug Dinge haben, die Sie nutzen können, um ihm Ausdruck zu verleihen. Er kann in Ihnen mehr leben, wenn Ihnen uneingeschränkte Mittel zum Leben zur Verfügung stehen.

Das Universum strebt danach, dass Sie alles haben, was Sie sich wünschen.

Die Natur ist Ihren Zielen gegenüber wohlwollend eingestellt.

All das ist ganz natürlich.

Entscheiden Sie, dass das die Wahrheit ist.

Es ist jedoch notwendig, dass *Ihr Ziel mit dem Ziel, das in allem steckt, in Einklang steht.*

Sie müssen das wahre Leben wollen, nicht nur das reine Vergnügen sinnlicher Befriedigungen. Das Leben ist die Ausführung von Funktionen, und das Individuum lebt nur dann wirklich, wenn es jede körperliche, geistige und seelische Funktion, der es fähig ist, in einem ausgewogenen Maße ausführt.

Sie wollen nicht reich werden, um den instinktiven Gelüsten im Übermaß zu frönen, denn das Leben bedeutet nicht die Befriedigung der animalischen Gelüste. Doch die Ausführung jeder physischen Funktion ist ein Teil des Lebens, und niemand, der die Impulse des Körpers verleugnet, sich einen normalen und gesunden Ausdruck zu ermöglichen, lebt erfüllt.

Sie möchten nicht reich werden, nur um geistige Freuden zu genießen, um Wissen anzusammeln, Ihre Ambitionen zu befriedigen, andere auszustechen, berühmt zu sein. All das ist zwar ein legitimer Teil des Lebens, doch der Mensch, der nur für die Freuden des Geistes lebt, lebt nur zu einem Teil und wird mit seinem Schicksal nie zufrieden sein.

Sie wollen auch nicht reich werden, nur um anderen zu dienen, um sich in der Errettung der Menschheit zu verlieren, um die Freuden der Menschenliebe und Aufopferung zu erfahren. Die Freuden der Seele sind nur ein Teil des Lebens und sind weder besser noch edler als jeder andere Teil.

Sie wollen reich werden, um essen, trinken und zur richtigen Zeit feiern zu können, um sich mit schönen Dingen zu umgeben, um ferne Länder zu sehen, um Ihren Geist zu füttern und Ihren Verstand zu entwickeln, um Menschen lieben und Gutes tun zu können und um zur Wahrheitsfindung in der Welt beitragen zu können.

Doch vergessen Sie nicht, dass extreme Selbstaufopferung nicht besser und nicht edler ist als extreme Selbstsucht – beides ist ein Irrtum.

Werfen Sie die Vorstellung über Bord, dass Gott will, dass Sie sich für andere aufopfern, und dass Sie sich dadurch seine Gunst erwerben können. Gott will nichts dieser Art.

Was er will, ist, dass Sie das Optimum aus sich machen und für sich und andere erreichen, und *Sie können anderen am besten dadurch helfen, dass Sie das Optimum aus sich machen.*

Sie können nur das Optimum aus sich machen, wenn Sie reich werden. Daher ist es richtig und lobenswert, dass Sie Ihre ersten und besten Gedanken dem Streben, Wohlstand zu erreichen, widmen.

Denken Sie jedoch daran, dass das Verlangen der Substanz für alle da ist und dass ihr Streben nach mehr Leben für alle sein muss; sie kann nicht für weniger Leben für irgendjemanden aktiviert werden, da sie für alle gleich ist und somit für alle Reichtum und Leben anstrebt. Die intelligente Substanz wird zwar für Sie Dinge erschaffen, doch sie wird niemandem etwas wegnehmen, um es Ihnen zu geben.

Sie müssen den Gedanken des Wettbewerbs loslassen. Sie sollen kreieren, nicht um das konkurrieren, was schon erschaffen worden ist.

Sie brauchen niemandem irgendetwas wegzunehmen.

Sie brauchen nicht um irgendetwas gnadenlos zu feilschen.

Sie brauchen nicht zu betrügen und keine Vorteile herauszuschinden. Sie müssen niemanden für weniger als das, was er verdient, für sich arbeiten lassen.

Sie brauchen nicht auf das Eigentum anderer neidisch zu sein oder es mit sehnsüchtigen Blicken zu begehren; kein Mensch hat irgendetwas, was Sie nicht auch haben können, ohne ihm das wegzunehmen, was ihm gehört.

Sie werden ein Erschaffer und kein Konkurrent werden; Sie werden das bekommen, was Sie wollen, doch auf eine Weise, dass jeder andere Mensch mehr haben wird, als er jetzt hat, wenn Sie es bekommen.

Mir ist klar, dass es Menschen gibt, die riesige Summen anhäufen, indem dessen tun, das Gegenteil ist, was ich gerade beschrieben habe, und ich möchte hier ein paar Worte der Erklärung hinzufügen. Menschen mit kapitalistischer Denkweise, die sehr reich werden, werden dies manchmal allein durch ihre außerordentlichen Bestrebungen auf der Ebene des Wettbewerbs, und manchmal setzen sie sich in ihren großen Zielen und Bewegungen für den generellen Aufbau durch die industrielle Evolution unbewusst in Verbindung mit der Substanz. Rockefeller, Carnegie, Morgan und andere waren die unbewussten Vertreter des Göttlichen bei der notwendigen Aufgabe, die produzierende Industrie zu systematisieren und zu organisieren, und am Ende wird ihre Arbeit enorm zu mehr Leben für alle beigetragen haben. Ihre Zeit ist fast vorbei; sie haben die Produktion organisiert und *werden bald von den Vertretern der Vielfältigkeit, die die Maschinerie der Verteilung organisieren wird, abgelöst werden.*

Die Multimillionäre sind wie die riesigen prähistorischen Reptile; sie spielen zwar im Evolutionsprozess eine notwendige Rolle, doch dieselbe Macht, die sie hervorgebracht hat, wird sie wieder verschwinden lassen. Und es ist nützlich, sich in Erinnerung zu rufen, dass sie nie wirklich reich waren; das Privatleben der meisten Angehörigen dieser Gesellschaftsschicht zeigt, dass sie in Wirklichkeit die Unglücklichsten und Ärmsten aller Armen waren.

Reichtum, der auf der Wettbewerbsebene erreicht wird, ist niemals befriedigend und von Dauer. Er gehört heute Ihnen und morgen einem anderen. Denken Sie daran: Wenn Sie auf eine fortschrittliche und sichere Weise reich werden wollen, müssen Sie sich von dem Gedanken des Wettbewerbs völlig lösen. Sie dürfen keine Sekunde lang denken, dass der Vorrat begrenzt sei. Sobald Sie damit anfangen zu denken, dass all das viele Geld von Bankern und anderen vereinnahmt und kontrolliert wird, und dass Sie sich darum bemühen müssen, dass Gesetze geschaffen werden, die diesen Prozess stoppen und so weiter, tappen Sie in die Falle des konkurrierenden Geistes und Ihre Kraft, etwas zu erschaffen, ist für den Augenblick erschöpft. Und was noch schlimmer ist: Sie werden die schöpferischen Bewegungen, die Sie schon in Gang gesetzt haben, vermutlich dadurch anhalten.

MACHEN SIE SICH BEWUSST, dass in den Bergen dieser Erde unzählige Millionenwerte schlummern, die noch nicht zutage befördert worden sind, und machen Sie sich bewusst, dass, wenn es nicht so wäre, von der denkenden Substanz noch mehr erschaffen würde, um Ihre Bedürfnisse zu stillen.

MACHEN SIE SICH BEWUSST, dass das Geld, das Sie brauchen, kommen wird, selbst wenn dafür morgen tausend Leute neue Goldminen entdecken müssten.

Schauen Sie niemals auf den sichtbaren Vorrat; schauen Sie immer auf die grenzenlosen Reichtümer in der formlosen Substanz, und SEIEN SIE SICHER, dass sie so schnell, wie Sie sie empfangen und nutzen können, zu Ihnen kommen werden. Niemand kann Sie davon abhalten, das zu bekommen, was Ihnen gehört, indem er den sichtbaren Vorrat vereinnahmt.

Gestatten Sie sich daher niemals auch nur für einen Augenblick, zu denken, dass die besten Baugrundstücke weg sein werden, wenn Sie sich nicht mit dem Hausbau beeilen. Machen Sie sich niemals Sorgen wegen der Konzerne und Finanzriesen und dass sie bald die ganze Erde in Besitz nehmen werden. Fürchten Sie sich niemals davor, das, was Sie wollen, zu verlieren, weil ein anderer Ihnen »zuvorkommt«. Das kann unmöglich passieren; Sie streben nach nichts, was schon jemand anderem gehört, sondern erschaffen das, was Sie erschaffen wollen, aus formloser Substanz, von der eine grenzenlose Menge vorhanden ist. Halten Sie sich an diese Formel:

Es gibt eine denkende Substanz, aus der alles gemacht ist und die in ihrem ursprünglichen Zustand die Zwischenräume des Universums durchdringt und ausfüllt.

Ein Gedanke in dieser Substanz erschafft die Sache, die dem Bild des Gedankens entspricht.

Der Mensch kann in Gedanken Dinge formen, und indem er seine Gedanken der formlosen Substanz übermittelt, kann er die Erschaffung der Sache, an die er denkt, bewirken.

KAPITEL 6

Wie die Reichtümer zu Ihnen gelangen

WENN ich sage, dass Sie nicht gnadenlos feilschen müssen, dann meine ich damit nicht, dass Sie überhaupt nicht verhandeln sollten oder dass Sie über der Notwendigkeit, mit Ihren Mitmenschen zu verhandeln, stehen würden. Ich meine damit, dass Sie sich ihnen gegenüber nicht unfair verhalten müssen; Sie brauchen nicht etwas umsonst zu bekommen, *sondern können jedem Menschen mehr geben, als Sie von ihm nehmen.*

Sie können zwar nicht jedem Menschen an Geldwert mehr geben, als Sie von ihm nehmen, doch Sie können ihm an Nutzwert mehr geben als den Geldwert der Dinge, die Sie von ihm erhalten. Das Papier, die Tinte und das andere Material, aus dem dieses Buch hergestellt wurde, ist vielleicht nicht das Geld wert, das Sie für das Buch bezahlt haben, doch wenn die hierin enthaltenen Ideen Ihnen Tausende von Dollar einbringen, dann haben die, die Ihnen das Buch verkauft haben, Sie nicht um Ihr Geld betrogen, sondern Ihnen für einen geringen Geldwert einen hohen Nutzwert gegeben.

Nehmen wir an, ich besitze ein Bild von einem der großen Künstler, das in jeder zivilisierten Gesellschaft Tausende von Dollar wert ist. Wenn ich durch einen »Tauschhandel« einen Eskimo dazu bringe, mir dafür Felle im Wert von 500 Dollar für das Bild zu geben, habe ich ihn ernsthaft betrogen, da das Bild für ihn nutzlos ist; für ihn besitzt es keinen Wert und es wird nichts zu seinem Leben beitragen.

Doch gehen wir davon aus, dass ich ihm für seine Felle ein Gewehr im Wert von 50 Dollar gebe, dann hat er ein gutes Geschäft gemacht. Das Gewehr kann er brauchen; es wird ihm viele weitere Felle und reichlich Nahrung bescheren, es wird in vielerlei Hinsicht zu seinem Leben beitragen; es wird ihn reich machen.

Wenn Sie von der Ebene des Wettbewerbs zur erschaffenden Ebene aufsteigen, können Sie Ihre Geschäfte äußerst streng abwägen, und wenn Sie einem Menschen irgendetwas verkaufen, was zu seinem Leben nicht mehr beiträgt als das, was er Ihnen dafür gibt, können Sie es sich leisten, das Geschäft abzubrechen. Sie brauchen niemanden zu übervorteilen. Und wenn Sie in einem Geschäft tätig sind, das Leute übervorteilt, sollten Sie sofort aussteigen.

Geben Sie jedem Menschen mehr an Nutzwert als das, was Sie von ihm an Geldwert erhalten. Dann tragen Sie mit jeder geschäftlichen Transaktion zum Leben der Welt bei.

Wenn Sie Leute haben, die für Sie arbeiten, müssen Sie von ihnen mehr an Geldwert nehmen, als Sie ihnen an Gehalt zahlen, doch Sie können Ihr Unternehmen so organisieren, dass es Entwicklungsmöglichkeiten bietet und jeder Mitarbeiter, der es will, jeden Tag ein bisschen weiterkommt.

Sie können Ihr Unternehmen so gestalten, dass es für Ihre Mitarbeiter das tut, was dieses Buch für Sie tut. Sie können Ihr Geschäft so führen, dass es eine Art Leiter wird, auf der jeder Mitarbeiter, der sich die Mühe macht, selbst zu Reichtum aufsteigen kann, und wenn ihm die Gelegenheit dazu gegeben wird und er es nicht tut, so ist das nicht Ihre Schuld.

Abschließend sei gesagt, dass aus der Tatsache, dass Sie Ihren Reichtum aus formloser Substanz erschaffen, von der Ihre ganze Umgebung durchdrungen ist, nicht folgt, dass die Dinge sich aus der Atmosphäre formen und vor Ihren Augen entstehen werden.

Wenn Sie sich zum Beispiel eine Nähmaschine wünschen, dann sage ich nicht, dass Sie der denkenden Substanz so lange die Vorstellung einer Nähmaschine übermitteln sollen, bis das Gerät von Zauberhänden in Ihrem Zimmer oder sonst wo geformt wird. Doch wenn Sie eine Nähmaschine wollen, dann halten Sie mit absolut sicherer Überzeugung, dass die Maschine gerade hergestellt wird oder schon auf dem Weg zu Ihnen ist, an dem geistigen Bild der Nähmaschine fest. Glauben Sie, nachdem Sie den Gedanken einmal geformt haben, fest und ohne jeden Zweifel daran, dass die Nähmaschine kommen wird. Denken oder sprechen Sie nie anders über die Nähmaschine als mit absoluter Sicherheit, dass sie eintreffen wird. Sehen Sie sie so, als würde sie Ihnen schon gehören.

Sie wird Ihnen durch die Macht der höchsten Intelligenz überbracht werden, die auf den menschlichen Geist reagiert. Wenn Sie in Maine leben, kann es passieren, dass ein Mensch aus Texas oder Japan geschickt wird, der irgendeine Geschäftstransaktion durchführt, deren Resultat sein wird, dass Sie das bekommen, was Sie wollen.

Wenn dies eintrifft, wird die Sache genauso zum Vorteil dieses Menschen sein wie zu Ihrem eigenen Vorteil.

Vergessen Sie für keinen Augenblick, dass die denkende Substanz in allem ist, durch alles geht, mit allem kommuniziert und alles beeinflussen kann. Das Streben der denkenden Substanz nach einem erfüllteren und besseren Leben hat die Produktion aller schon hergestellten Nähmaschinen verursacht und kann die Herstellung von weiteren Millionen von Nähmaschinen bewirken – und wird es überall dort tun, wo Menschen sie durch Verlangen und Glauben und dadurch, dass sie auf eine bestimmte Weise handeln, in Bewegung gesetzt haben.

Sie können mit Sicherheit in Ihrem Haus eine Nähmaschine haben, und es ist genauso sicher, dass Sie auch alle anderen Dinge haben können, die Sie sich wünschen und die Sie zur Förderung Ihres eigenen Lebens und des Lebens anderer nutzen werden.

Sie brauchen nicht zu zögern, wenn Sie um Großes bitten. »Es ist eine Freude des Vaters, seinen Kindern das Himmelreich zu geben«, wie Jesus gesagt hat.

Die ursprüngliche Substanz will alles ausleben, was in Ihnen steckt, und will, dass Sie alles haben, was Sie für ein Leben im Überfluss brauchen können oder werden.

Wenn Sie sich die Tatsache vor Augen halten, dass das Verlangen nach dem Besitz von Reichtümern, das Sie spüren, im Einklang mit dem Streben der Allmacht nach einem vollständigeren Ausdruck steht, wird Ihr Glaube unbesiegbar.

Einmal sah ich einen kleinen Jungen an einem Klavier sitzen, der sich vergeblich bemühte, den Tasten eine harmonische Melodie zu entlocken, und ich merkte, dass seine Unfähigkeit, richtige Musik zu spielen, ihn traurig und wütend machte. Ich fragte ihn nach der Ursache seiner Irritation und er antwortete: »Ich fühle die Musik zwar in mir, aber ich bringe meine Hände nicht dazu, es richtig zu machen.« Die Musik in ihm war das VERLANGEN der ursprünglichen Substanz, in der alle Möglichkeiten allen Lebens stecken; alles, was es an Musik gibt, strebte durch dieses Kind danach, sich Ausdruck zu verleihen.

Gott, diese eine Substanz, versucht, durch die Menschheit zu leben und zu handeln und Freude an den Dingen zu haben. Er sagt: »Ich will Hände, die wundervolle Strukturen bauen, die himmlische Melodien spielen, die herrliche Bilder malen; ich will Füße, die meine Aufgaben erledigen, Augen, die meine Schönheiten sehen, Zungen, die mächtige Wahrheiten sagen und wunderschöne Lieder singen.«

Alles, was es an Möglichkeiten gibt, strebt danach, sich durch die Menschen auszudrücken. Gott will, dass die Menschen, die Musik spielen können, Klaviere und jedes andere Musikinstrument besitzen und die Mittel haben, um ihre Begabungen vollständig zu entwickeln. Er will, dass diejenigen, die Schönheit zu schätzen wissen, sich mit schönen Dingen umgeben können. Er will, dass diejenigen, die die Wahrheit erkennen können, jede Gelegenheit erhalten, zu reisen und zu beobachten. Er will, dass die Menschen, die Kleidung zu schätzen wissen, sich prächtig kleiden können, und dass diejenigen, die gutes Essen genießen können, erstklassig gespeist werden.

Er will all das, weil er selbst es ist, der diese Dinge genießt und schätzt; es ist Gott, der spielen und singen und sich an Schönheit erfreuen will und der die Wahrheit verkünden und feine Kleider tragen und gutes Essen genießen will. »Es ist Gott, der in euch wirkt, in euch will und in euch tut«, sagt Paulus.

Das Verlangen nach Reichtümern, das Sie in sich verspüren, ist das unendliche Bestreben Gottes, sich in Ihnen zum Ausdruck zu bringen, so wie er danach strebte, sich in dem kleinen Jungen am Klavier zum Ausdruck zu bringen.

Sie brauchen also nicht zu zögern, wenn Sie um Großes bitten.

Ihre Aufgabe ist es, sich auf das Verlangen zu konzentrieren und es Gott gegenüber zu äußern.

Den meisten Menschen fällt das schwer. Sie verharren zu einem gewissen Grad in der alten Vorstellung, dass Armut und Selbstaufopferung Gott erfreuen würden. Sie sehen Armut als Teil des Plans, als eine natürliche Notwendigkeit an. Sie haben die Vorstellung, dass Gott seine Arbeit geleistet hat und alles getan hat, was er tun kann, und dass die Mehrheit der Menschen arm bleiben muss, weil nicht genug für alle da ist. Sie halten so sehr an diesem Irrtum fest, dass sie sich schämen, um Reichtum zu bitten; sie bemühen sich, nicht mehr als eine äußerst bescheidene Kompetenz zu erreichen, gerade mal genug, damit sie einigermaßen komfortabel leben können.

Ich erinnere mich an den Fall eines Lernenden, dem gesagt wurde, dass er sich in Gedanken ein genaues Bild von den Dingen, die er sich wünschte, machen müsste, damit die erschaffenden Gedanken über diese Dinge der formlosen Substanz übermittelt werden könnten. Er war ein bitterarmer Mensch, der in einem gemieteten Miethaus wohnte und von der Hand in den Mund lebte, und er konnte nicht begreifen, dass aller Wohlstand ihm gehörte. Nachdem er über die Sache nachgedacht hatte, entschied er, dass es wohl nicht zu viel sein würde, wenn er um einen neuen Teppich für sein schönstes Zimmer und einen Kohleofen, mit dem er das Haus in der kalten Jahreszeit heizen könnte, bitten würde. Er befolgte die Anweisungen, die in diesem Buch enthalten sind, und bekam die beiden Dinge in wenigen Monaten. Da dämmerte es ihm, dass er nicht um genug gebeten hatte. Also ging er durch das Haus, in dem er wohnte, und plante alle Verbesserungen, die er gerne machen würde. In Gedanken fügte er hier einen Erker und dort ein Zimmer hinzu, bis es in seiner Vorstellung sein Traumhaus geworden war. Dann plante er die Einrichtung.

Er hielt das ganze Bild in Gedanken fest und fing an, in der richtigen Art und Weise denken und zu leben und sich auf das, was er wollte, hinzubewegen. Heute gehört ihm das Haus, und er ist dabei, es nach der Form seines mentalen Bilds umzubauen. Und jetzt geht er aufgrund seines noch stärkeren Glaubens weiter, um noch Größeres zu erreichen. Es hängt von ihm und seiner Überzeugung ab, und dasselbe trifft auch für Sie und uns alle zu.

KAPITEL 7

Dankbarkeit

DIE Erläuterungen des letzten Kapitels haben die Tatsache vermittelt, dass der erste Schritt zum Reichwerden ist, der formlosen Substanz die Vorstellung Ihrer Wünsche zu übermitteln.

Das ist wahr, und Sie werden sehen, dass es dazu notwendig wird, sich auf eine harmonische Weise mit der formlosen Intelligenz zu verbinden.

Diesen harmonischen Bezug herzustellen, ist von so grundsätzlicher und wichtiger Bedeutung, dass ich dieser Frage hier etwas Raum widme und Ihnen Anleitungen biete, die, wenn Sie sie befolgen, mit Sicherheit Ihren Geist in die vollkommene Einheit mit Gott versetzen werden.

Der gesamte Vorgang der geistigen Anpassung und Einstimmung lässt sich mit einem Wort zusammenfassen: Dankbarkeit.

Glauben Sie als Erstes, dass es eine intelligente Substanz gibt, aus der alle Dinge erfolgen; glauben Sie zweitens, dass diese Substanz Ihnen alles gibt, was Sie sich wünschen; und glauben Sie drittens, dass Sie sich durch ein Gefühl tiefer, starker Dankbarkeit mit ihr verbinden.

Viele Leute, die ihr Leben in jeder anderen Hinsicht in Ordnung bringen, werden durch ihren Mangel an Dankbarkeit in Armut gehalten. Nachdem sie von Gott ein Geschenk empfangen haben, schneiden sie den Draht ab, der sie mit ihm verbindet, indem sie ihre Wertschätzung nicht zum Ausdruck bringen.

Es ist leicht zu begreifen, dass wir umso reicher werden, je näher wir an der Quelle des Reichtums leben, und es ist genauso einfach zu verstehen, dass die Seele, die immer dankbar ist, in einem engeren Kontakt zu Gott steht als die, die ihn nie in dankbarer Anerkennung ansieht.

Je dankbarer wir unseren Geist auf die höchste Macht richten, wenn uns Gutes widerfährt, desto mehr Gutes wird uns widerfahren und umso rascher wird es eintreffen. Der Grund dafür ist ganz einfach der, dass die geistige Einstellung der Dankbarkeit den Geist in einen engeren Kontakt mit der Quelle bringt, aus der der Segen stammt.

Wenn es für Sie ein neuer Gedanke ist, dass Dankbarkeit Ihren gesamten Geist in eine engere Harmonie mit den schöpferischen Energien des Universums bringt, dann denken Sie sorgfältig darüber nach – und Sie werden erkennen, dass es wahr ist. Die guten Dinge, die Sie bereits haben, haben Sie durch die Einhaltung gewisser Gesetzmäßigkeiten erreicht. Dankbarkeit wird Ihren Geist in die Richtung lenken, aus der die Dinge kommen, wird Ihre Konzentration auf schöpferische Gedanken aufrechterhalten und Sie davon abhalten, in Konkurrenzgedanken zu verfallen.

Dankbarkeit allein kann erreichen, dass Sie Ihren Blick auf das Ganze richten, und Sie davon abhalten, dem Irrtum zu verfallen, den Vorrat als begrenzt anzusehen, was für Ihre Hoffnungen fatal wäre.

Es gibt ein Gesetz der Dankbarkeit, und wenn Sie die erwünschten Ergebnisse erzielen wollen, ist es absolut notwendig, dass Sie dieses Gesetz einhalten.

Das Gesetz der Dankbarkeit ist das natürliche Prinzip, dass Aktion und Reaktion immer gleich sind und in der gegensätzlichen Richtung verlaufen.

Wenn sich Ihr Geist in dankbarer Anerkennung nach der höchsten Macht erstreckt, *bedeutet das die Befreiung oder Ausweitung der Kraft; sie kann nicht umhin, das Ziel zu erreichen, an das sie gerichtet wird, und die Reaktion ist die umgehende Hinwendung zu Ihnen.*

Wenn Sie sich Gott zuwenden, wird er sich Ihnen zuwenden. Das ist eine psychologische Wahrheit.

Wenn Ihre Dankbarkeit stark und beständig ist, wird die Reaktion in der formlosen Substanz ebenso stark und beständig sein; die Bewegung der Dinge, die Sie sich wünschen, wird immer auf Sie gerichtet sein. Bedenken Sie die dankbare Einstellung Jesu, der immer »Ich danke dir, Vater, dafür, dass du mich erhörst« zu sagen schien. Ohne Dankbarkeit können Sie nicht viel Kraft aufbringen, denn es ist Dankbarkeit, die Sie mit der Macht verbunden hält.

Doch der Wert der Dankbarkeit besteht nicht allein darin, in der Zukunft noch mehr Segen zu empfangen. Ohne Dankbarkeit können Sie unzufriedene Gedanken über den Zustand der Dinge nicht lange fernhalten.

In dem Moment, in dem Sie es zulassen, dass Ihr Geist sich voller Unzufriedenheit mit dem Zustand der Dinge beschäftigt, fangen Sie an, den Boden unter den Füßen zu verlieren. Dann richten Sie Ihre Aufmerksamkeit auf das Durchschnittliche, das Gewöhnliche, das Ärmliche, das Elende und Gemeine, und Ihr Geist nimmt die Form dieser Dinge an. Dann werden Sie dem Formlosen diese Formen oder mentalen Bilder übermitteln, und so wird das Durchschnittliche, das Gewöhnliche, das Ärmliche, das Elende und Gemeine zu Ihnen kommen.

Zuzulassen, dass Ihr Geist sich mit Unwertem befasst, bedeutet, geringer zu werden und sich mit unwerten Dingen zu umgeben.

Wenn Sie Ihre Aufmerksamkeit hingegen auf das Beste richten, umgeben Sie sich mit dem Besten und werden das Beste.

Die schöpferische Kraft in uns macht uns zu dem Bild dessen, auf was wir unsere Aufmerksamkeit richten.

Wir sind denkende Substanz, und denkende Substanz nimmt immer die Form an, über die sie nachdenkt.

Der dankbare Geist ist ständig auf das Beste gerichtet; daher tendiert er dazu, das Beste zu werden. Er nimmt die Form oder die Eigenschaft des Besten an und wird auch das Beste bekommen.

Auch der Glaube entsteht aus der Dankbarkeit heraus. Der dankbare Geist erwartet kontinuierlich Gutes und diese Erwartung wird zur Überzeugung. Die Reaktion der Dankbarkeit bewirkt Überzeugung im eigenen Geist, und jede Welle der dankbaren Wertschätzung, die nach außen dringt, verstärkt den Glauben. Wer keine Dankbarkeit empfindet, kann auch nicht lange den lebendigen Glauben aufrechterhalten, und ohne den lebendigen Glauben kann man durch die schöpferische Methode auch nicht reich werden, wie wir in den nächsten Kapiteln sehen werden.

Es ist deshalb wichtig, die Gewohnheit der Dankbarkeit für jede gute Sache, die Ihnen widerfährt, zu kultivieren und kontinuierlich Dankbarkeit zu zeigen.

Und da alle Dinge dazu beigetragen haben, dass Sie weiterkommen, sollten Sie in Ihre Dankbarkeit auch alle Dinge mit einbeziehen.

Verschwenden Sie keine Zeit darauf, über die schlechten Seiten oder falschen Handlungen von Plutokraten oder Unternehmern nachzudenken oder zu reden. Die Art, wie sie die Welt organisieren, gibt Ihnen Chancen; alles, was Sie erhalten, haben Sie in Wirklichkeit ihnen zu verdanken.

Wüten Sie nicht gegen korrupte Politiker – ohne Politiker würden wir in Anarchie verfallen und dann würden sich Ihre Chancen stark verringern.

Gott hat sehr lange und geduldig daran gearbeitet, unsere Industrie und Regierung dahin zu bringen, wo sie heute stehen, und er arbeitet weiter daran. Es gibt nicht den geringsten Zweifel daran, dass er Plutokraten, Finanzriesen, Industriegrößen und Politiker abschaffen wird, sobald sie überflüssig werden, doch in der Zwischenzeit sollten Sie daran denken, dass sie alle etwas sehr Gutes sind. Denken Sie daran, dass sie alle dazu beitragen, Wege zu schaffen, auf denen die Reichtümer zu Ihnen gelangen werden, und seien Sie dafür dankbar. Das verschafft Ihnen einen harmonischen Bezug zum Guten in allem, und das Gute in allem wird auf Sie zukommen.

KAPITEL 8

Die richtige Art zu denken

GEHEN Sie zu Kapitel 6 zurück und lesen Sie die Geschichte des Mannes, der sich ein geistiges Bild von seinem Haus gemacht hat, noch einmal. Das vermittelt Ihnen eine gute Vorstellung von dem ersten Schritt zum Reichwerden. Sie müssen sich ein klares und eindeutiges geistiges Bild von dem, was Sie wollen, machen; Sie können keine Vorstellung übermitteln, solange Sie sie nicht selbst haben.

Bevor Sie die Vorstellung weitergeben können, müssen Sie sie haben, und viele Leute schaffen es nicht, die denkende Substanz zu beeinflussen, weil sie selbst nur ein vages und undeutliches Konzept der Dinge haben, die sie tun oder besitzen oder werden wollen.

Es reicht nicht, dass Sie das generelle Verlangen nach Reichtum haben, um damit »Gutes zu tun«. Dieses Verlangen hat jeder.

Es reicht auch nicht, dass Sie sich wünschen, zu reisen, Dinge zu erleben, ein erfüllteres Leben zu führen. Jeder sehnt sich danach. Wenn Sie einem Freund eine Nachricht schicken, dann senden Sie ihm doch auch nicht nur die Buchstaben in ihrer Reihenfolge im ABC und lassen ihn die Nachricht selbst zusammenstellen, und Sie schreiben die Wörter auch nicht wahllos aus dem Wörterbuch ab. Sie schicken ihm einen zusammenhängenden Satz, einen Satz, der etwas bedeutet. Wenn Sie Ihre Wünsche der Substanz übermitteln möchten, dürfen Sie nicht vergessen, dass dies durch eine zusammenhängende Aussage erfolgen muss; Sie müssen wissen, was Sie wollen, und eine definitive Aussage machen. Sie werden niemals reich werden oder die schöpferische Macht aktivieren, wenn Sie ungeformte Wünsche und vage Sehnsüchte abschicken.

Überdenken Sie Ihre Wünsche genauso, wie der Mann in meiner Schilderung durch sein Haus gegangen ist. Sehen Sie nur das, was Sie sehen wollen, und machen Sie sich ein klares geistiges Bild davon, wie es aussehen soll, wenn Sie es erhalten.

Dieses klare geistige Bild müssen Sie sich ständig vor Augen halten, so wie der Seemann den Hafen vor Augen hat, auf den sein Schiff zusteuert. Sie müssen Ihren Blick jederzeit darauf richten. Sie dürfen es genauso wenig aus den Augen lassen wie der Steuermann den Kompass.

Es ist nicht nötig, Konzentrationsübungen zu machen oder bestimmte Zeiten für Gebete und Affirmationen zu reservieren oder »in die Stille zu gehen« oder irgendwelche okkulten Praktiken durchzuführen. Das ist zwar alles schön und gut, doch alles, was Sie brauchen, ist, zu wissen, was Sie wollen, und es so sehr zu wollen, dass es in Ihren Gedanken verankert ist.

Verbringen Sie so viel Zeit wie möglich damit, sich Ihr Bild auszumalen, doch niemand muss Übungen machen, um seinen Geist auf eine Sache zu konzentrieren, die er wirklich will. Die Dinge, die einem nicht wirklich wichtig sind, sind die Dinge, auf die man sich mit besonderer Anstrengung konzentrieren muss.

Und solange Sie nicht wirklich reich werden wollen, sodass der Wunsch stark genug ist, um Ihre Gedanken darauf zu konzentrieren, wie der Magnetpol die Nadel des Kompasses festhält, wird es sich für Sie kaum lohnen, die Anleitungen in diesem Buch zu befolgen.

Die hier beschriebenen Methoden sind für Menschen, deren Verlangen nach Reichtum stark genug ist, um geistige Faulheit und Bequemlichkeit zu überwinden und aktiv zu werden.

Je klarer und definitiver also Ihr Bild ist und je mehr Zeit Sie damit verbringen, an all seinen wundervollen Details zu feilen, umso stärker wird Ihr Drang werden, umso leichter wird es sein, Ihren Geist auf das Bild dessen, was Sie wollen, zu konzentrieren.

Man braucht jedoch noch mehr als nur das klare Bild. Wenn das alles ist, was Sie tun, dann sind Sie nur ein Träumer und haben keine oder kaum Kraft, etwas umzusetzen.

Hinter Ihrer klaren Vision muss das Ziel stehen, sie zu verwirklichen, sie in eine greifbare Form umzusetzen.

Und hinter diesem Ziel muss der unbezwingbare und unbeirrbare GLAUBE stehen, dass diese Sache schon Ihnen gehört, dass sie schon »greifbar« ist und Sie sie nur noch in Besitz nehmen müssen.

Leben Sie so lange geistig in Ihrem neuen Haus, bis es um Sie herum seine materielle Gestalt annimmt. Erfreuen Sie sich auf der mentalen Ebene sofort an den Dingen, die Sie wollen.

»Worum immer du bitten wirst, glaube nur, dass du es empfangen hast, und es wird dir zuteilwerden«, wie Jesus sagt.

Sehen Sie die Dinge, die Sie sich wünschen, so, als wären sie tatsächlich ständig um Sie herum. Stellen Sie sich vor, dass sie Ihnen gehören und dass Sie sie nutzen. Benutzen Sie sie in Ihrer Vorstellung so, wie Sie sie verwenden werden, wenn sie Ihnen real gehören. Befassen Sie sich mit Ihrem geistigen Bild, bis es klar und scharf ist, und nehmen Sie dann die geistige Einstellung des Eigentümers aller in diesem Bild enthaltenen Dinge ein. Nehmen Sie sie im vollen Glauben, dass sie Ihnen wirklich gehören, in Besitz. Halten Sie an diesem geistigen Besitz fest. Zweifeln Sie keinen Augenblick an Ihrem Glauben, dass er real ist.

Und erinnern Sie sich daran, was in einem der vorausgegangenen Kapitel über Dankbarkeit gesagt wurde. Seien Sie zu jedem Zeitpunkt genauso dankbar dafür, wie Sie sich Ihre Dankbarkeit vorstellen, wenn ihr Wunsch Form angenommen hat. Der Mensch, der Gott für die Dinge, die er bisher nur in seiner Vorstellung besitzt, aufrichtig danken kann, besitzt wahren Glauben. Er wird reich werden; er wird die Erschaffung von allem, was er sich wünscht, erwirken.

Sie brauchen nicht wiederholt um Dinge zu beten, die Sie sich wünschen. Es ist nicht notwendig, Gott jeden Tag daran zu erinnern.

»Gebraucht nicht ständig Wiederholungen, wie dies die Heiden tun«, hat Jesus zu seinen Jüngern gesagt, »denn euer Vater weiß, dass ihr dieser Dinge bedürft, bevor ihr darum bittet.«

Ihre Aufgabe ist es, Ihr Verlangen nach den Dingen, die Ihnen ein erfüllteres Leben ermöglichen, auf intelligente Weise zu formulieren, das Verlangen in einem zusammenhängenden Ganzen zu ordnen und diesen Gesamtwunsch der formlosen Substanz, die die Macht und den Willen hat, Ihnen Ihre Wünsche zu erfüllen, zu übermitteln.

Sie brauchen dies nicht durch die Wiederholung von Wörtern zu übermitteln; Sie tun es, indem Sie mit dem unbeirrbaren ZIEL, sie umzusetzen, und dem unerschütterlichen GLAUBEN, dass Sie sie umsetzen werden, an der Vision festhalten.

Die Antwort auf Ihr Gebet erfolgt nicht gemäß Ihrem Glauben, während Sie sprechen, sondern gemäß Ihrem Glauben, während Sie arbeiten.

Sie können den Geist Gottes nicht beeindrucken, indem Sie einen besonderen Bettag auswählen, an dem Sie ihm sagen, was Sie wollen, und ihn für den Rest der Woche vergessen. Sie können ihn nicht damit beeindrucken, indem Sie bestimmte Stunden haben, an denen Sie in Ihr Kämmerchen gehen und beten, wenn Sie die Angelegenheit von sich schieben, bis es wieder Zeit für das Gebet ist.

Das mündliche Gebet reicht aus und hat seine Wirkung, vor allem auf Sie selbst, indem es Ihre Vision klärt und Ihren Glauben stärkt, doch es sind nicht Ihre mündlichen Petitionen, die Ihnen das bescheren, was Sie wollen. Um reich zu werden, brauchen Sie keine »stille Gebetsstunde«; Sie müssen pausenlos beten. Und mit Gebet meine ich, an Ihrer Vision beständig festzuhalten, mit dem Ziel, sie in materieller Form zu realisieren, und dem Glauben, dass Sie genau das tun.

»Glaube, dass es dir zuteilwerden wird.«

Das Ganze schaltet den Empfang ein, sobald Sie Ihre Vision klar geformt haben. Wenn Sie sie geformt haben, ist es empfehlenswert, eine mündliche Aussage zu treffen und die höchste Macht in einem andächtigen Gebet anzusprechen, und von diesem Augenblick an müssen Sie in Gedanken erhalten, worum Sie bitten. Leben Sie in dem neuen Haus, tragen Sie die schönen Kleider, fahren Sie in dem Auto, gehen Sie auf die Reise und planen Sie voller Vertrauen noch größere Reisen. Sprechen Sie von all diesen Dingen und denken Sie an sie, wie wenn sie Ihnen jetzt tatsächlich gehören würden. Stellen Sie sich eine Umgebung und finanzielle Situation vor, die genau dem entsprechen, was Sie sich wünschen, und leben Sie ständig in dieser ausgedachten Umgebung und finanziellen Lage. Passen Sie dabei jedoch auf, dass das für Sie nicht nur ein Traum und Luftschloss ist; halten Sie am GLAUBEN fest, dass das Bild gerade verwirklicht wird, und am ZIEL, es zu verwirklichen. Denken Sie daran, dass bei der Anwendung der Vorstellungskraft es Glaube und Ziel sind, die den Unterschied zwischen dem Wissenschaftler und dem Träumer ausmachen. Und da Sie diese Tatsache gelernt haben, müssen Sie hier lernen, wie man den Willen richtig nutzt.

KAPITEL 9

Wie man die Willenskraft nutzt

UM auf eine wissenschaftliche Weise reich zu werden, brauchen Sie Ihre Willenskraft auf nichts anzuwenden, was außerhalb Ihrer selbst liegt.

Sie haben sowieso kein Recht, das zu tun.

Es ist falsch, anderen Männern und Frauen Ihren Willen aufzuzwingen, um sie dazu zu bringen, das zu tun, was Sie getan haben wollen.

Es ist genauso verkehrt, Menschen durch geistige Kraft zu zwingen, wie es unrecht ist, sie durch körperliche Kraft zu etwas zu zwingen. Wenn man Menschen durch körperliche Kraft zwingt, etwas für sich zu tun, setzt man sie zu Sklaven herab. Ein Zwang durch geistige Mittel erreicht genau dasselbe; der einzige Unterschied liegt in der Methode. Wenn Menschen durch körperliche Gewalt etwas wegzunehmen Raub ist, dann ist es auch Raub, ihnen etwas durch geistige Gewalt wegzunehmen. Vom Grundsatz her macht das keinen Unterschied.

Sie haben kein Recht dazu, Ihre Willenskraft auf andere anzuwenden, selbst wenn es »in deren eigenem Interesse« ist, weil Sie nicht wissen, was in ihrem Interesse ist. Die Wissenschaft des Reichwerdens macht es nicht erforderlich, dass Sie in irgendeiner Hinsicht Macht oder Gewalt über einen anderen ausüben. Es besteht nicht die geringste Notwendigkeit, das zu tun. Stattdessen wird jeder Versuch, Ihren Willen anderen aufzuzwingen, nur dazu tendieren, Ihr Ziel zu verfehlen.

Sie brauchen Ihren Willen auf keine Sache anzuwenden, um sie dazu zu zwingen, zu Ihnen zu kommen.

Das wäre einfach nur der Versuch, Gott zu zwingen, und dies wäre dumm, sinnlos und verachtenswert.

Sie brauchen Gott genauso wenig zu zwingen, Ihnen Gutes zu tun, wie Sie Ihre Willenskraft anwenden müssen, um die Sonne zum Aufgehen zu bringen.

Sie brauchen Ihre Willenskraft nicht anzuwenden, um eine feindselige Gottheit zu besiegen oder um sture und rebellische Kräfte für sich einzusetzen.

Die Substanz ist Ihnen freundlich gesinnt und strebt noch mehr danach, Ihnen zu geben, was Sie wollen, als Sie danach streben, es zu bekommen.

Um reich zu werden, brauchen Sie nur Ihre Willenskraft auf sich selbst anzuwenden.

Wenn Sie wissen, was Sie zu denken und zu tun haben, dann müssen Sie Ihre Willenskraft anwenden, um sich dazu zu bringen, die richtigen Dinge zu denken und zu tun. Das ist die legitime Anwendung des Willens, um zu erreichen, was Sie sich wünschen – ihn anzuwenden, um selbst auf dem richtigen Kurs zu bleiben. Nutzen Sie Ihre Willenskraft, um auf die richtige Art und Weise zu denken und zu handeln.

Versuchen Sie nicht, Ihren Willen, Ihre Gedanken oder Ihren Geist in die Ferne auszusenden, um Dinge oder Menschen zu »beeinflussen«.

Behalten Sie Ihren Geist zu Hause bei sich; dort kann er mehr als anderswo erreichen.

Nutzen Sie Ihren Geist, um ein mentales Bild dessen, was Sie wollen, zu formen, und halten Sie überzeugt und zielorientiert an dieser Vision fest; nutzen Sie außerdem Ihren Willen, damit Ihr Geist weiterhin auf die richtige Weise arbeitet.

Je stetiger und kontinuierlicher Ihr Glaube und Ihr Ziel sind, desto rascher werden Sie reich werden, da Sie nur POSITIVE Eindrücke auf die Substanz machen, und Sie werden diese nicht durch negative Eindrücke neutralisieren oder entwerten.

Das Bild Ihrer Wünsche, an dem überzeugt und zielorientiert festgehalten wird, wird vom Formlosen aufgenommen und durchdringt es bis in große Entfernungen hinein – soweit ich weiß, durch das ganze Universum.

Während dieser Eindruck sich ausbreitet, wird alles für seine Umsetzung in Bewegung gesetzt; jedes Lebewesen, jeder leblose Gegenstand und die noch nicht erschaffenen Dinge werden dazu bewegt, das, was Sie wollen, hervorzubringen. Alle Kräfte fangen an, in dieser Richtung zu wirken; alle Dinge fangen an, sich auf Sie zuzubewegen. Überall wird der Geist der Menschen beeinflusst, um die Dinge zu tun, die zur Erfüllung Ihrer Wünsche notwendig sind; und sie arbeiten Ihnen zu, ohne es zu wissen.

Doch Sie können diesen Prozess blockieren, wenn Sie einen negativen Eindruck in der formlosen Substanz hervorrufen. Zweifel oder Unglaube wird genauso sicher eine Bewegung weg von Ihnen veranlassen, wie der Glaube und das Ziel eine Bewegung auf Sie zu hervorruft. Die meisten Leute, die versuchen, die »geistige Wissenschaft« des Reichwerdens anzuwenden, scheitern deshalb, weil sie dieses Prinzip nicht verstehen. Jede Sekunde und jede Stunde, die Sie damit verbringen, Zweifeln und Ängsten nachzugeben, jede Stunde, in der Sie sich Sorgen machen, jede Stunde, in der Ihre Seele von Ungläubigkeit beherrscht wird, verursacht in der gesamten Domäne der intelligenten Substanz eine Strömung weg von Ihnen. Alle Versprechen gehen für die, die an sie glauben, in Erfüllung – und nur für sie. Beachten Sie, wie sehr Jesus auf dem Glauben bestanden hat – jetzt wissen Sie auch warum.

Da alles vom Glauben abhängt, ist es gut, wenn Sie Ihre Gedanken schützen, und da Ihre Überzeugungen zu einem sehr großen Ausmaß von den Dingen geformt werden, die Sie wahrnehmen und über die Sie nachdenken, ist es wichtig, dass Sie Ihren Geist unter Kontrolle haben.

Und hier kommt der Wille ins Spiel, denn Sie bestimmen durch Ihren Willen, auf welche Dinge sich Ihre Aufmerksamkeit richten soll.

Wenn Sie reich werden wollen, dürfen Sie nicht Armut untersuchen.

Dinge werden nicht umgesetzt, indem man über ihr Gegenteil nachdenkt. Gesundheit wird nie erreicht, indem man Krankheiten untersucht und über Krankheiten nachdenkt. Ehrbarkeit wird nicht gefördert, wenn man Sünden studiert und über Sünden nachdenkt, und niemand ist je reich geworden, indem er sich mit Armut auseinandergesetzt und über sie nachgedacht hat.

Medizin als Wissenschaft der Krankheiten hat Krankheiten gefördert, Religion als Wissenschaft der Sünde hat Sünde gefördert und Wirtschaftswissenschaft als Studie der Armut wird die Welt mit Elend und Not erfüllen.

Reden Sie nicht über Armut, untersuchen Sie sie nicht und kümmern Sie sich nicht um sie. Machen Sie sich keine Gedanken darüber, was ihre Ursachen sind; sie betreffen Sie nicht.

Was Sie betrifft, ist die Lösung.

Verbringen Sie keine Zeit mit ehrenamtlichen Aufgaben oder wohltätigen Vereinen. Alle Wohltätigkeit tendiert nur dazu, das Elend zu verlängern, das sie auslöschen will.

Ich sage nicht, dass Sie hartherzig oder kalt sein sollen und dass Sie sich weigern sollen, den Schrei derjenigen in Not zu erhören, doch Sie dürfen nicht versuchen, die Armut auf eine der konventionellen Weisen zu beseitigen. Kehren Sie der Armut und allem, was damit zu tun hat, den Rücken, und »tun Sie Gutes«.

Werden Sie reich. Das ist das beste Mittel, mit dem Sie den Armen helfen können.

Und Sie können an dem geistigen Bild, das Sie reich machen soll, nicht festhalten, wenn Sie Ihren Geist mit Bildern von Armut anfüllen. Lesen Sie keine Bücher oder Zeitungen, die vom Elend in den Sozialwohnungen oder dem Horror der Kinderarbeit und so weiter berichten. Lesen Sie nichts, was Ihren Geist mit düsteren Bildern von Entbehrungen und Leid erfüllt.

Sie können den Armen kein bisschen helfen, indem Sie über diese Dinge Bescheid wissen, und das weit verbreitete Wissen über diese Dinge trägt nicht im Geringsten dazu bei, Armut zu beseitigen.

Was dazu beiträgt, Armut zu beseitigen, ist nicht das Anfüllen Ihres Geistes mit Bildern von Armut, sondern dem Geist der Armen Bilder von Reichtum zu vermitteln.

Sie überlassen die Armen nicht ihrem Elend, wenn Sie sich weigern, Ihren Geist mit Bildern des Elends vollzustopfen.

Armut kann nicht durch eine höhere Zahl von wohlhabenden Leuten, die über Armut nachdenken, beseitigt werden, sondern indem die Zahl der Armen, die voller Überzeugung reich werden wollen, erhöht wird.

Die Armen brauchen keine Almosen; sie brauchen Inspiration. Almosen verschaffen ihnen nur einen Laib Brot, um sie in ihrem Elend am Leben zu erhalten, oder gewähren ihnen ein bisschen Unterhaltung, damit sie für ein paar Stunden ihr Elend vergessen, doch Inspiration wird sie dazu veranlassen, sich aus ihrem Elend zu erheben. Wenn Sie den Armen helfen wollen, dann zeigen Sie ihnen, dass sie reich werden können. Beweisen Sie es ihnen, indem Sie selbst reich werden.

Der einzige Weg, wie die Armut jemals aus unserer Welt verbannt werden wird, ist der, dass man eine große und ständig wachsende Anzahl von Menschen dazu bringt, die in diesem Buch enthaltenen Lehren zu praktizieren.

Den Menschen muss beigebracht werden, wie man durch Erschaffung von etwas Neuem und nicht durch Wettbewerb reich wird.

Jeder, der durch Wettbewerb reich wird, stößt die Leiter hinter sich um, auf der er nach oben geklettert ist, und hält andere unten; doch jeder Mensch, der durch Erschaffung reich geworden ist, macht für Tausende, die nach ihm kommen, den Weg frei, um ihm zu folgen, und inspiriert sie dazu, es auch zu tun.

Sie sind weder hartherzig noch gefühllos, wenn Sie sich weigern, Armut zu bemitleiden, zu sehen, darüber zu lesen, nachzudenken oder zu reden oder denjenigen zuzuhören, die darüber reden. Wenden Sie Ihre Willenskraft an, um Ihren Geist vom Thema der Armut ABZUZIEHEN und ihn überzeugt und zielorientiert auf die Vision dessen, was Sie wollen, zu richten.

KAPITEL 10

Die weitere Anwendung der Willenskraft

SIE können keine wahre und klare Vision von Reichtum aufrechterhalten, wenn Sie Ihre Aufmerksamkeit ständig auf gegenteilige Bilder richten, unabhängig davon, ob sie außen oder in Ihrer Fantasie sind.

Sprechen Sie nicht über Ihre früheren finanziellen Probleme, wenn Sie welche hatten; denken Sie gar nicht daran. Erzählen Sie nichts von der Armut Ihrer Eltern oder Ihrer harten Kindheit; solche Gedanken stellen Sie für den Augenblick auf die Stufe der Armen und das wird die Bewegung der Dinge in Ihre Richtung mit Sicherheit stoppen.

Lassen Sie die Toten ihre Toten begraben, wie Jesus geraten hat.

Lassen Sie Armut und alles, was mit Armut zu tun hat, vollkommen hinter sich.

Sie haben eine bestimmte Theorie über das Universum als richtig akzeptiert, und Ihre ganze Hoffnung auf Glück ruht darauf, dass diese Theorie richtig ist – was können Sie gewinnen, wenn Sie Platz für widersprechende Theorien machen?

Lesen Sie keine religiösen Bücher, in denen steht, der Untergang der Welt würde nahen, und lesen Sie auch nicht die Schriften von Leuten, die im Dreck wühlen, oder solche von pessimistischen Philosophen, die Ihnen sagen, dass die Welt zum Teufel geht.

Die Welt geht nicht zum Teufel; sie geht zu Gott.

Sie entwickelt sich wunderbar.

Natürlich mag es in ihrem derzeitigen Zustand sehr vieles geben, was unangenehm ist, doch was für einen Sinn macht es, sich mit diesen Dingen zu befassen, wenn sie sicherlich vorbeigehen werden und wenn die Beschäftigung mit ihnen nur dazu beiträgt, ihr Vergehen hinauszuzögern und sie festzuhalten? Warum Dingen Zeit und Aufmerksamkeit widmen, die durch die evolutionäre Entwicklung beseitigt werden, wenn man ihre Beseitigung beschleunigen kann, indem man die evolutionäre Entwicklung fördert, soweit man dazu beitragen kann?

Ganz egal, wie schrecklich die Zustände in gewissen Ländern, Gebieten oder Orten sein mögen – Sie verschwenden Ihre Zeit und zerstören Ihre eigenen Chancen, indem Sie sich über sie Gedanken machen.

Sie sollten sich dafür interessieren, dass die Welt reich wird.

Denken Sie daran, wie reich die Welt werden wird, statt an die Armut, aus der sie hinauswächst, und vergessen Sie nicht, dass das einzige Mittel, wie Sie die Welt beim Reichwerden unterstützen können, das ist, dass Sie durch die erschaffene, schöpferische – nicht die konkurrierende – Methode selber reich werden.

Schenken Sie dem Reichtum Ihre ganze Aufmerksamkeit; ignorieren Sie die Armut.

Wann immer Sie an die Armen denken oder von ihnen sprechen, denken Sie an sie und sprechen Sie über sie als Menschen, die reich werden – als Menschen, denen man gratulieren sollte, statt sie zu bemitleiden. Dann werden sie und andere die Inspiration aufnehmen und anfangen, den Weg aus der Armut zu suchen.

Aus der Tatsache, dass ich sage, Sie sollen Ihre ganze Zeit, Gedanken und Geist dem Reichtum widmen, folgt nicht, dass Sie selbstsüchtig oder gemein sein sollen.

Wirklich reich zu werden ist das edelste Ziel, das Sie im Leben haben können, da es alles andere mit einbezieht.

Auf der Ebene des Wettbewerbs ist die Anstrengung, reich zu werden, ein gottloser Kampf um Macht über andere, doch wenn wir in den schöpferischen Geist eintauchen, ist alles ganz anders.

Alles, was an Größe und Seelenentfaltung, an Dienst und Streben nach Höherem möglich ist, kommt durch das Reichwerden; alles wird durch den Nutzen von Dingen möglich gemacht.

Wenn es Ihnen an körperlicher Gesundheit mangelt, werden Sie feststellen, dass das Erlangen von Gesundheit von Ihrem Reichwerden abhängt.

Nur Menschen, die von finanziellen Sorgen befreit sind und die die Mittel für ein sorgenfreies Leben und Hygienestandards haben, können gesund sein und bleiben.

Moralische und spirituelle Größe ist nur denen möglich, die über dem Konkurrenzkampf ums Überleben stehen; und nur diejenigen, die dank ihrer schöpferischen Gedanken reich werden, sind frei von den demütigenden Einflüssen des Wettkampfs. Wenn Sie sich nach häuslichem Glück sehnen, denken Sie daran, dass die Liebe dort am besten gedeiht, wo Kultur, eine hohe geistige Ebene und Freiheit von korrumpierenden Einflüssen besteht, und diese lassen sich nur da finden, wo durch die Umsetzung neuer Ideen ohne Anstrengungen oder Rivalitäten Reichtum geschaffen wurde.

Sie können nach nichts streben, was so großartig oder edel wäre wie reich zu werden, und Sie müssen Ihre Aufmerksamkeit auf Ihr geistiges Bild von Reichtum unter Ausschluss aller Dinge, die diese Vision verdunkeln oder verzerren könnten, richten.

Sie müssen lernen, die verborgene WAHRHEIT in allen Dingen zu erkennen; Sie müssen hinter allen scheinbar falschen Bedingungen das eine große Leben sehen, das sich auf einen erfüllteren Ausdruck und ein vollständigeres Glück hin bewegt. Es ist die Wahrheit, dass es so etwas wie Armut nicht gibt, dass es nur Reichtum gibt.

Manche Menschen verharren in Armut, weil sie sich der Tatsache nicht bewusst sind, dass es für sie Reichtum gibt, und Sie können ihnen das am besten beibringen, indem Sie ihnen den Weg zum Wohlstand an Ihrer eigenen Person und Ihren eigenen Handlungen zeigen.

Andere sind arm, weil sie zwar das Gefühl haben, dass es einen Ausweg gibt, doch intellektuell zu träge sind, um die geistige Anstrengung zu unternehmen, diesen Ausweg zu finden und zu gehen. Das Beste, was Sie für diese Menschen tun können, ist, ihr Verlangen zu wecken, indem Sie ihnen das Glück zeigen, das sich durch rechtmäßigen Reichtum einstellt.

Andere wiederum sind noch arm, weil sie zwar eine Ahnung von der Wissenschaft haben, sich jedoch im Dschungel der metaphysischen und okkulten Theorien dermaßen verlaufen haben, dass sie nicht mehr wissen, welchen Weg sie einschlagen müssen. Sie probieren eine Mischung aus vielen Systemen aus und scheitern in allen. Für diese Menschen ist es das Beste, wenn man ihnen am Beispiel der eigenen Person und der eigenen Handlungen zeigt, dass eine Unze praktisches Handeln ein Pfund Theoretisieren wert ist.

Das Beste, was Sie für die ganze Welt tun können, ist, das Optimum aus sich zu machen.

Sie können Gott und den Menschen auf keine effektivere Weise dienen als dadurch, dass Sie reich werden; und zwar durch die schöpferische Methode, nicht durch die konkurrierende Methode reich werden.

Und noch etwas: Wir versichern, dass Ihnen dieses Buch im Detail die Grundsätze der Wissenschaft des Reichwerdens übermittelt, und wenn das stimmt, brauchen Sie kein weiteres Buch über das Thema zu lesen. Das mag zwar engstirnig und egoistisch klingen, doch überlegen Sie nur: Es gibt in der Mathematik keine wissenschaftlichere Rechenmethode als die des Addierens, Subtrahierens, Multiplizierens und Dividierens.

Andere Methoden sind nicht möglich. Es kann nur eine einzige kürzeste Entfernung zwischen zwei Punkten geben. Es gibt nur eine Methode, wissenschaftlich zu denken, und sie besteht darin, auf die Weise zu denken, die auf dem direktesten und einfachsten Weg ans Ziel führt. Kein Mensch hat jemals ein kürzeres oder weniger umständliches »System« als das hier beschriebene formuliert; es wurde von allem gesäubert, was unnötig ist. Wenn Sie damit anfangen, dann legen Sie alles andere beiseite. Vergessen Sie es vollkommen.

Lesen Sie jeden Tag dieses Buch. Tragen Sie es mit sich herum. Lernen Sie es auswendig – und verschwenden Sie keine Gedanken an andere »Systeme« oder Theorien. Denn wenn Sie das tun, werden Sie anfangen, Zweifel zu haben und in Ihren Gedanken verunsichert und schwankend zu werden, und dann werden Sie anfangen zu scheitern.

Nachdem Sie reich geworden sind, können Sie so viele andere Systeme studieren, wie Sie wollen, doch bevor Sie ganz sicher sind, dass Sie bekommen haben, was Sie wollen, dürfen Sie über dieses Thema nichts außer diesem Buch lesen, es sei denn, die Autoren haben es im Vorwort erwähnt.

Und lesen Sie nur die optimistischsten Kommentare über die Weltnachrichten – die, die mit Ihrem Bild harmonieren.

Verschieben Sie auch okkultistische Forschungen. Versuchen Sie sich nicht an Theosophie, Spiritualismus oder artverwandten Themen. Es ist zwar sehr wahrscheinlich, dass die Toten noch leben und uns nahe sind, doch wenn sie es sind, dann lassen Sie sie in Ruhe, kümmern Sie sich um Ihre eigenen Angelegenheiten.

Wo auch immer der Geist der Toten sein mag – sie haben ihre eigenen Aufgaben zu erledigen und ihre eigenen Probleme zu lösen, und wir haben nicht das Recht, uns bei ihnen einzumischen. Wir können ihnen nicht helfen, und es ist sehr zweifelhaft, ob sie uns helfen können und ob wir in diesem Falle das Recht haben, ihre Zeit zu beanspruchen. Lassen Sie die Toten und das Jenseits in Frieden und lösen Sie Ihre eigenen Probleme: Werden Sie reich. Wenn Sie damit anfangen, dies mit dem Okkulten zu vermischen, werden Sie geistige Gegenströmungen bewirken, die Ihre Hoffnungen mit Sicherheit scheitern lassen. Dieses Kapitel und die vorrangegangenen haben uns folgende Einsichten vermittelt:

Es gibt eine denkende Substanz, aus der alles gemacht ist und die in ihrem ursprünglichen Zustand die Zwischenräume des Universums durchdringt und ausfüllt.

Ein Gedanke in dieser Substanz erschafft die Sache, die durch den Gedanken bildhaft dargestellt wird.

Der Mensch kann in Gedanken Dinge formen, und indem er der formlosen Substanz seine Gedanken übermittelt, kann er die Sache, über die er nachdenkt, erschaffen.

Um das zu erreichen, muss der Mensch vom konkurrierenden zum schöpferischen Geist überwechseln; er muss ein klares geistiges Bild der Dinge schaffen, die er sich wünscht, und dieses Bild in Gedanken mit dem festen ZIEL, das zu bekommen, was er will, und dem unerschütterlichen GLAUBEN, das zu bekommen, was er will, festhalten. Dabei muss er seinen Geist vor allem verschließen, was dazu tendiert, sein Ziel infrage zu stellen, seine Vision zu verdunkeln oder seinen Glauben zu erschüttern.

Zusätzlich dazu erkennen wir nun, dass er auf eine bestimmte Weise leben und handeln muss.

KAPITEL 11

Die richtige Art zu handeln

GEDANKEN sind die schöpferische Macht oder treibende Kraft, die die schöpferische Macht dazu bringt, aktiv zu werden. Wenn Sie auf eine bestimmte Weise denken, wird Ihnen das zwar Reichtum bringen, doch Sie dürfen sich nicht allein darauf verlassen, ohne auf Ihre persönlichen Handlungen zu achten. Das ist der Felsen, an dem viele ansonsten wissenschaftliche metaphysische Denker zerschellen – indem sie es versäumen, ihre Gedanken mit ihren Handlungen in Einklang zu bringen.

Wir haben noch nicht das Entwicklungsstadium erreicht – wenn man davon ausgehen kann, dass so ein Stadium überhaupt möglich ist –, in dem ein Mensch ohne die Vorgänge der Natur oder die Arbeit menschlicher Hände direkt aus der formlosen Substanz erschaffen kann. Der Mensch soll nicht nur denken, sondern seine persönlichen Handlungen müssen seine Gedanken ergänzen.

Durch Gedanken können Sie das Gold im Herzen der Berge zwar dazu bringen, zu Ihnen zu kommen, doch es wird sich nicht von alleine aus der Mine herausbefördern, sich nicht von selbst in Münzen umwandeln und auf der Straße zu Ihnen rollen, um in Ihre Taschen zu schlüpfen.

Unter der treibenden Kraft des höchsten Geistes werden die Angelegenheiten der Menschen so arrangiert werden, dass jemand dazu gebracht wird, das Gold für Sie aus der Mine zu befördern. Die Geschäftshandlungen anderer werden so gelenkt werden, dass das Gold zu Ihnen gebracht wird, und Sie müssen Ihre Geschäfte so führen, dass Sie das Gold in Empfang nehmen können, wenn es zu Ihnen kommt. Ihre

Gedanken lassen alle lebendigen und leblosen Dinge so handeln, dass sie Ihnen das liefern, was Sie wollen, doch Ihre eigenen Aktivitäten müssen so aussehen, dass Sie zu Recht entgegennehmen können, was Sie wollen, wenn es Sie erreicht. Sie dürfen es nicht als Almosen empfangen; Sie müssen jedem Menschen mehr an Nutzwert geben als das, was er Ihnen an Geldwert gibt.

Die wissenschaftliche Anwendung von Gedanken besteht darin, ein klares und deutliches geistiges Bild dessen, was Sie sich wünschen, zu formen, am Ziel dessen, was Sie erreichen wollen, festzuhalten und voller dankbarer Überzeugung zu wissen, dass Sie das bekommen, was Sie wollen.

Versuchen Sie nicht, Ihre Gedanken auf irgendeine mysteriöse oder okkulte Weise mit der Vorstellung, dass sie hinausgeschickt werden, um Dinge für Sie zu erreichen, zu »übertragen«. Das ist verschwendete Liebesmüh und wird Ihre Kraft, geistig gesund zu denken, mindern.

Der Denkvorgang, um reich zu werden, wird in den vorangegangenen Kapiteln vollständig erklärt; Ihr Glaube und Ihr Ziel übermitteln Ihre Vision positiv auf die formlose Substanz, die DASSELBE VERLANGEN WIE SIE NACH MEHR LEBEN HAT, und die von Ihnen empfangene Vision setzt sämtliche schöpferischen Kräfte IN UND DURCH IHRE REGULÄREN HANDLUNGSKANÄLE in Bewegung – doch nun auf Sie gerichtet.

Es ist nicht Ihre Aufgabe, den schöpferischen Prozess anzuführen oder zu überwachen. Alles, was Sie tun müssen, ist, Ihre Vision aufrechtzuerhalten, an Ihrem Ziel festzuhalten und Ihren Glauben und Ihre Dankbarkeit zu behalten.

Doch Sie müssen auf eine bestimmte Weise handeln, sodass Sie das annehmen können, was Ihnen zusteht, wenn es zu Ihnen kommt, sodass Sie die Dinge, die in Ihrem Bild enthalten sind, entgegennehmen können und an ihren richtigen Ort stellen können, wenn sie eintreffen.

Sie können die Wahrheit, die hierin steckt, leicht erkennen. Wenn die Dinge Sie erreicht haben, werden sie sich in den Händen anderer Menschen befinden, die um etwas Gleichwertiges bitten werden.

Und Sie können nur das annehmen, was Ihnen zusteht, indem Sie dem anderen Menschen das geben, was ihm zusteht.

Ihr Geldbeutel wird sich nicht in einen Goldesel verwandeln, der ohne Ihr Zutun ständig Geld produziert.

Das ist der wesentliche Punkt an der Wissenschaft des Reichwerdens: Genau hier ist die Schnittstelle, an der sich die Gedanken und die Handlungen kreuzen müssen. Es gibt viele arme Leute, die bewusst oder unbewusst die schöpferischen Kräfte durch die Stärke und Beharrlichkeit ihrer Sehnsüchte zwar in Bewegung setzen, die jedoch arm bleiben, weil sie nicht für den Moment gerüstet sind, wenn die Dinge, die sie sich wünschen, eintreffen.

Durch Gedanken wird die Sache, die Sie wollen, zu Ihnen gebracht; durch Handlung empfangen Sie sie.

Was immer Ihre Handlung auch sein mag, es wird deutlich, dass Sie JETZT handeln müssen. Sie können nicht in der Vergangenheit handeln, und für die Klarheit Ihrer geistigen Vision ist es notwendig, dass Sie die Vergangenheit aus Ihrem Geist löschen. Sie können auch nicht in der Zukunft handeln, da die Zukunft noch nicht da ist. Und Sie können nicht sagen, wie Sie unter zukünftigen zufälligen Umständen handeln werden, solange dieser Zufall noch nicht eingetreten ist.

Auch wenn Sie jetzt nicht in der richtigen Branche oder der richtigen Umgebung sind, sollten Sie nicht glauben, dass Sie Ihre Handlungen hinausschieben müssen, bis Sie im richtigen Unternehmen oder in der richtigen Umgebung sind. Und verbringen Sie in der Gegenwart keine Zeit damit, darüber nachzudenken, welchen Kurs Sie in zukünftigen Notfällen am besten einschlagen werden – glauben Sie an Ihre Fähigkeit, jedes Problem zu bewältigen, wenn es eintrifft.

Wenn Ihre Gedanken in der Zukunft weilen, während Sie in der Gegenwart handeln, wird Ihre gegenwärtige Handlung nur mit halber Aufmerksamkeit erfolgen und nicht wirksam sein.

Konzentrieren Sie Ihren gesamten Geist auf Ihre gegenwärtige Handlung.

Wenn Sie Ihren schöpferischen Impuls der ursprünglichen Substanz übermittelt haben, sollten Sie sich nicht hinsetzen, um auf ein Ergebnis zu warten. Wenn Sie das tun, werden Sie es nie erreichen. Handeln Sie jetzt. Es gibt keine andere Zeit als das Jetzt und es wird auch nie eine andere Zeit als das Jetzt geben. Wenn Sie sich jemals auf das Empfangen dessen, was Sie wollen, vorbereiten, dann müssen Sie jetzt damit anfangen.

Und Ihre Handlung – was immer sie auch ist – ist mit hoher Wahrscheinlichkeit in Ihrer gegenwärtigen Firma oder Tätigkeit angesiedelt und bezieht sich auf die Personen und Dinge in Ihrer gegenwärtigen Umgebung.

Sie können nicht dort handeln, wo Sie nicht sind; Sie können auch nicht dort handeln, wo Sie mal gewesen sind; und Sie können nicht dort handeln, wo Sie sein werden. Sie können nur dort handeln, wo Sie gerade sind.

Kümmern Sie sich nicht darum, ob Ihre Arbeit von gestern gut oder schlecht war; machen Sie Ihre Arbeit von heute gut.

Versuchen Sie nicht, die Arbeit von morgen heute zu machen. Es wird noch genug Zeit dafür sein, wenn Sie damit anfangen.

Versuchen Sie nicht, mit übersinnlichen oder mystischen Mitteln Einfluss auf Menschen oder Dinge zu nehmen, die für Sie nicht greifbar sind.

Warten Sie nicht auf eine Veränderung Ihrer Umgebung, bevor Sie handeln. Erreichen Sie durch Handeln eine Veränderung Ihrer Umgebung.

Sie können auf die Umgebung, in der Sie sich jetzt befinden, einwirken, um zu erreichen, dass Sie in eine bessere Umgebung versetzt werden.

Halten Sie überzeugt und zielorientiert an der Vision Ihrer selbst in dieser besseren Umgebung fest, doch handeln Sie von ganzem Herzen, mit aller Kraft und mit Ihrem ganzen Geist in Ihrer jetzigen Umgebung.

Verbringen Sie keine Zeit mit Tagträumen oder Luftschlössern. Halten Sie an der einen Vision fest, die Sie erreichen wollen, und handeln Sie JETZT.

Suchen Sie nicht irgendetwas Neues oder eine fremde, ungewöhnliche oder bemerkenswerte Aktivität, die Sie als ersten Schritt zum Reichwerden ausführen. Es ist wahrscheinlich, dass Ihre Aktivitäten zumindest für die nächste Zeit denen entsprechen werden, die Sie bisher ausgeübt haben, aber Sie müssen diese Aktivitäten auf die Art und Weise ausführen, die Sie mit Sicherheit reich machen wird.

Wenn Sie eine Tätigkeit ausüben, von der Sie das Gefühl haben, dass sie für Sie nicht das Richtige ist, warten Sie nicht ab, bis Sie eine für Sie richtige Tätigkeit haben, bevor Sie anfangen zu handeln.

Lassen Sie sich nicht entmutigen und setzen Sie sich nicht hin und jammern, weil Sie am falschen Ort sind. Niemand ist jemals so sehr am falschen Ort, dass er den richtigen Ort nicht finden könnte, und niemand steckt jemals so sehr im falschen Beruf, dass er nicht in den richtigen Beruf einsteigen könnte.

Halten Sie an der Vision von sich selbst in der richtigen Tätigkeit fest, mit dem Ziel, sie zu erreichen, und dem Glauben, dass Sie sie erreichen werden und dabei sind, sie zu erreichen, doch HANDELN Sie in Ihrer derzeitigen Tätigkeit. Nutzen Sie Ihre jetzige Tätigkeit als Mittel, um eine bessere zu erreichen, und nutzen Sie Ihre jetzige Umgebung als Mittel, in eine bessere umzusiedeln. Wenn Ihre Vision von der richtigen Tätigkeit überzeugend und zielorientiert ist, wird sie die höchste Macht dazu bringen, die richtige Tätigkeit zu Ihnen zu bringen; und wenn Ihre Handlungen auf die richtige Art und Weise erfolgen, werden sie Sie dazu bringen, sich auf diese Tätigkeit zuzubewegen.

Wenn Sie ein Angestellter oder Arbeiter sind und das Gefühl haben, den Standort wechseln zu müssen, um das zu bekommen, was Sie sich wünschen, dann sollten Sie Ihren Gedanken nicht ins All »projizieren« und sich darauf verlassen, dass es Ihnen einen neuen Job verschafft. Das wird wahrscheinlich nicht funktionieren.

Halten Sie an der Vision von Ihnen in der Tätigkeit, die Sie sich wünschen, fest, während Sie überzeugt und zielorientiert in der Tätigkeit, die Sie derzeit ausüben, HANDELN – und Sie werden mit Sicherheit die Tätigkeit bekommen, die Sie wollen.

Ihre Vision und Ihr Glaube werden die schöpferische Kraft in Bewegung setzen, um Ihnen diese Tätigkeit zu bringen, und Ihre Handlung wird die Kräfte in Ihrer eigenen Umgebung dazu bringen, Sie in Richtung des Ortes zu bewegen, an dem Sie sein wollen. Als Abschluss dieses Kapitels fügen wir unserem Lehrplan eine weitere Aussage hinzu:

Es gibt eine denkende Substanz, aus der alles gemacht ist und die in ihrem urprünglichen Zustand die Zwischenräume des Universums durchdringt und ausfüllt.

Ein Gedanke in dieser Substanz bewirkt die Sache, die von dem Gedanken bildhaft dargestellt wird.

Der Mensch kann in Gedanken Dinge formen und, indem er seine Gedanken der formlosen Substanz übermittelt, die Sache verursachen, die er in Gedanken erschaffen will.

Um das zu erreichen, muss der Mensch vom konkurrierenden zum schöpferischen Geist überwechseln; er muss ein klares geistiges Bild der Dinge schaffen, die er sich wünscht, und dieses Bild in Gedanken mit dem festen ZIEL, das zu bekommen, was er will, und dem unerschütterlichen GLAUBEN, das zu bekommen, was er will, festhalten. Dabei muss er seinen Geist vor allem verschließen, was dazu tendiert, sein Ziel infrage zu stellen, seine Vision zu verdunkeln oder seinen Glauben zu erschüttern.

Um das, was er sich wünscht, annehmen zu können, wenn es eintrifft, muss der Mensch JETZT die Menschen und Dinge in seiner gegenwärtigen Umgebung aktivieren.

KAPITEL 12

Die wirksame Handlung

SIE müssen Ihr Denken wie in den vorausgeganenen Kapiteln beschrieben anwenden und anfangen, das zu tun, was Sie an dem Platz auf Erden tun können, an dem Sie sich jetzt befinden, und Sie müssen an diesem Platz, an dem Sie sich jetzt befinden, ALLES tun.

Sie können nur vorankommen, wenn Sie größer sind als Ihre jetzige Position, und kein Mensch, der Arbeit liegen lässt, die sich an seinem jetzigen Platz ergibt, ist größer als seine gegenwärtige Position auf Erden.

Die Welt wird nur von den Menschen vorangebracht, die ihren derzeitigen Platz mehr als ausfüllen.

Wie Sie sicher erkennen, würde alles zurück- statt vorwärtsgehen, wenn kein Mensch seinen jetzigen Platz wirklich ausfüllen würde. Diejenigen, die ihren jetzigen Platz nicht wirklich ausfüllen, sind für die Gesellschaft, Regierung, Industrie und den Handel eine tote Last; sie müssen zu hohen Kosten mitgetragen werden. Der Fortschritt der Welt wird von denen behindert, die ihren jetzigen Platz nicht ausfüllen; sie gehören in ein früheres Zeitalter und auf eine niedrigere Stufe oder Ebene des Lebens und tendieren zum Degenerieren. Keine Gesellschaft könnte weiterkommen, wenn jeder Mensch zu klein für seinen Platz auf Erden wäre; die gesellschaftliche Evolution unterliegt dem Gesetz der physischen und geistigen Evolution. In der Tierwelt wird die Evolution durch ein Übermaß an Leben verursacht.

Wenn ein Organismus mehr Leben hat, als in den Funktionen seiner eigenen Stufe zum Ausdruck kommen kann, entwickelt er die Organe einer höheren Stufe – und eine neue Spezies entsteht.

Ohne Organismen, die ihren Platz mehr als ausfüllten, hätte es keine neuen Spezies gegeben. Das Gesetz trifft genauso auf Sie zu: Ihr Reichwerden hängt davon ab, dass Sie diesen Grundsatz auf Ihre eigenen Angelegenheiten anwenden.

Jeder Tag ist entweder ein Tag des Erfolgs oder einer des Misserfolgs, und es sind die erfolgreichen Tage, die Ihnen das bescheren, was Sie sich wünschen. Wenn jeder Tag zum Misserfolg wird, können Sie niemals reich werden, während Sie reich werden müssen, wenn jeder Tag erfolgreich ist.

Wenn es etwas gibt, was Sie heute tun können, und Sie es nicht ausführen, dann sind Sie in Bezug auf diese Sache gescheitert, und die Folgen können ernster sein, als Sie denken.

Sie können selbst die Ergebnisse der trivialsten Handlung nicht vorhersehen; Sie wissen nicht, wie alle Kräfte, die in Ihrem Interesse in Bewegung gesetzt worden sind, sich verhalten. Vieles kann davon abhängen, dass Sie eine einfache Handlung ausführen; sie kann genau das sein, was Ihnen die Tür zu wahrlich großen Möglichkeiten öffnet. Sie können niemals alle Kombinationen kennen, die die höchste Intelligenz in der Welt der Dinge und menschlichen Angelegenheiten für Sie schafft; wenn Sie es versäumen, eine kleine Sache durchzuführen, oder wenn Sie an ihr scheitern, kann dies eine lange Verzögerung der Umsetzung Ihrer Wünsche bewirken.

Tun Sie daher jeden Tag ALLES, was an diesem Tag erledigt werden kann.

Es gibt jedoch bei der obigen Anweisung eine Einschränkung, die Sie berücksichtigen müssen.

Sie dürfen sich bei der Bemühung, so viele Dinge wie möglich in so kurzer Zeit wie möglich zu erledigen, nicht überarbeiten und auch nicht in blinden Aktivismus verfallen.

Sie dürfen weder versuchen, die Arbeit von morgen heute zu erledigen, noch die Arbeit einer Woche an einem Tag zu machen.

Was zählt, ist nicht wirklich die Anzahl der Dinge, die Sie tun, sondern die WIRKSAMKEIT einer jeden einzelnen Handlung.

Jede Handlung ist allein betrachtet entweder ein Erfolg oder ein Misserfolg.

Jede Handlung ist allein betrachtet entweder wirksam oder unwirksam.

Jede unwirksame Handlung ist ein Misserfolg, und wenn Sie Ihr Leben damit verbringen, unwirksame Handlungen durchzuführen, wird Ihr ganzes Leben ein Misserfolg werden.

Je mehr Dinge Sie tun, umso schlimmer wird es für Sie, wenn all Ihre Handlungen unwirksam sind.

Auf der anderen Seite ist jede wirksame Handlung ein Erfolg an sich, und wenn jede Handlung Ihres Lebens eine wirksame Handlung ist, dann MUSS Ihr ganzes Leben ein Erfolg werden.

Die Ursache von Misserfolgen ist, zu viele Dinge auf eine ineffiziente Weise durchzuführen und nicht genug Dinge auf eine wirksame Weise zu machen.

Sie werden sehen, dass es eine logische Schlussfolgerung ist, dass Sie reich werden, wenn Sie keine unwirksamen Handlungen und eine genügend große Anzahl von wirksamen Handlungen durchführen. Wenn es für Sie daher möglich ist, jede Handlung wirksam zu machen, dann wird das Reichwerden auf eine so exakte Wissenschaft wie die Mathematik reduziert, wie Sie sicher erkennen.

Daraus ergibt sich die Frage, ob Sie jede einzelne Handlung zu einem Erfolg für sich machen können. Und das können Sie mit Sicherheit tun.

Sie können jede Handlung zu einem Erfolg machen, weil ALLE Kräfte mit Ihnen zusammenarbeiten, und ALLE Kräfte können nicht scheitern.

Die Kraft steht zu Ihren Diensten, und um jede Handlung wirksam zu machen, brauchen Sie bloß Kraft hineinzustecken.

Jede Handlung ist entweder stark oder schwach, und wenn jede einzelne Handlung stark ist, handeln Sie auf die Art und Weise, die Sie reich machen wird.

Jede Handlung kann stark und wirksam durchgeführt werden, indem Sie sich während der Ausführung Ihre Vision vor Augen halten und die ganze Kraft Ihres GLAUBENS und Ihres ZIELES hineinstecken.

An diesem Punkt scheitern die Leute, die die geistige Kraft von der eigenen Handlung trennen. Sie wenden die Kraft des Geistes zu einem bestimmten Zeitpunkt an einem bestimmten Ort an und handeln zu einem anderen Zeitpunkt an einem anderen Ort. Deswegen sind ihre einzelnen Handlungen nicht erfolgreich; zu viele von ihnen sind unwirksam. Doch wenn ALLE Kräfte in jede Handlung, egal wie alltäglich sie auch sein mag, eingehen, wird jede einzelne Handlung erfolgreich sein, und da es in der Natur der Dinge liegt, dass jeder Erfolg den Weg für weitere Erfolge ebnet, wird die Bewegung dessen, was Sie wollen, immer schneller auf Sie zu erfolgen. Denken Sie daran, dass erfolgreiche Handlungen in ihren Ergebnissen kumulativ sind. Da in allen Dingen das Streben nach mehr Leben vorhanden ist, zieht ein Mensch, der sich auf ein größeres Leben zubewegt, mehr Dinge an und der Einfluss seines Verlangens wird vervielfältigt.

Tun Sie jeden Tag alles, was Sie tun können, und führen Sie jede Handlung auf eine effiziente Weise aus.

Wenn ich sage, dass Sie bei jeder Ausführung einer Handlung, egal wie trivial oder alltäglich sie auch sein mag, an Ihrer Vision festhalten müssen, dann meine ich damit nicht, dass es notwendig ist, die Vision ständig deutlich in all ihren kleinsten Details vor Augen zu haben. Vielmehr können Sie Ihre Freizeit dazu nutzen, Ihre Fantasie anzuwenden, um die

Details Ihrer Vision zu sehen und an sie zu denken, bis sie sich fest in Ihr Gedächtnis eingeprägt haben. Wenn Sie rasche Ergebnisse wünschen, dann sollten Sie praktisch Ihre gesamte Freizeit dieser Übung widmen.

Durch das kontinuierliche Nachdenken werden Sie das Bild dessen, was Sie sich wünschen, bis ins kleinste Detail so fest ins Gedächtnis einprägen und dem Geist der formlosen Substanz so vollständig übermitteln, dass Sie sich während Ihrer Arbeitszeit nur noch geistig auf das Bild beziehen müssen, um Ihren Glauben und Ihre Zielsetzung zu stimulieren und Bestleistungen zu erzielen. Malen Sie sich in Ihrer Freizeit Ihr Bild so intensiv aus, bis Ihr Bewusstsein so davon erfüllt ist, dass es für Sie sofort greifbar ist. Sein strahlendes Versprechen wird Sie so begeistern, dass allein der Gedanke daran die stärksten Energien Ihres ganzen Wesens aktivieren wird.

Lassen Sie uns unsere Zusammenfassung erneut wiederholen und auf den Punkt bringen, den wir nun erreicht haben, indem wir die abschließenden Aussagen leicht verändern:

Es gibt eine denkende Substanz, aus der alles gemacht ist und die in ihrem urprünglichen Zustand die Zwischenräume des Universums durchdringt und ausfüllt.

Ein Gedanke in dieser Substanz bewirkt die Sache, die von dem Gedanken bildhaft dargestellt wird.

Der Mensch kann in Gedanken Dinge formen und, indem er seine Gedanken der formlosen Substanz übermittelt, die Sache verursachen, die er in Gedanken erschaffen will.

Um das zu erreichen, muss der Mensch vom konkurrierenden zum schöpferischen Geist überwechseln; er muss ein klares geistiges Bild der Dinge schaffen, die er sich wünscht, und überzeugt und zielorientiert täglich alles tun, was getan werden kann, wobei er jede einzelne Sache auf eine effiziente Weise ausführt.

KAPITEL 13

In die richtige Tätigkeit einsteigen

BEI jeder Tätigkeit hängt der Erfolg zum einen davon ab, dass Sie die Fähigkeiten, die für diese Tätigkeit erforderlich sind, in einem hinreichenden Maße beherrschen.

Ohne gute musikalische Fähigkeiten kann niemand ein erfolgreicher Musiklehrer sein; ohne entsprechende mechanische Fähigkeiten kann keiner große Erfolge in einem mechanischen Beruf erzielen; ohne Taktgefühl und kommerzielle Qualifikationen kann niemand im kaufmännischen Gewerbe erfolgreich sein. Doch die Tatsache, dass Sie die Fähigkeiten gut entwickelt haben, die in Ihrem Gewerbe erforderlich sind, garantiert noch nicht, dass Sie reich werden. Es gibt Musiker, die außerordentlich begabt sind und dennoch arm bleiben, es gibt Handwerker mit ausgezeichneten fachlichen Qualifikationen, die nicht reich werden, und es gibt Geschäftsleute mit guten Verhandlungsfähigkeiten, die trotzdem scheitern.

Die unterschiedlichen Fähigkeiten sind Werkzeuge. Es ist zwar wichtig, gut Werkzeuge zu haben, doch es ist auch ganz wichtig, diese Werkzeuge auf die richtige Weise anzuwenden. Ein Mensch kann eine scharfe Säge, ein Winkelmaß, einen guten Hobel usw. zur Hand nehmen und ein schönes Möbelstück anfertigen. Ein anderer kann sich mit den gleichen Werkzeugen an die Arbeit machen und das Möbel nachbauen, jedoch sein Werk ruinieren. Er weiß nicht, wie man gutes Werkzeug erfolgreich einsetzt.

Die verschiedenen Fähigkeiten Ihres Geistes sind die Werkzeuge, mit denen Sie die Arbeit verrichten müssen, die Sie reich machen wird. Es wird für Sie leichter werden, Erfolg zu haben, wenn Sie sich eine Tätigkeit aussuchen, für die Sie mit den geistigen Werkzeugen gut ausgestattet sind.

Generell gilt, dass Sie die größten Erfolge in der Tätigkeit erzielen werden, für die Ihre stärksten Fähigkeiten gefragt sind, die Arbeit, für die Sie sich von Natur aus »am besten eignen«. Doch diese Aussage hat auch ihre Grenzen. Kein Mensch sollte seine Berufung als von Geburt an unwiderruflich festgelegt ansehen.

Sie können in JEDEM Unterfangen reich werden, denn wenn Sie nicht das richtige Talent dafür haben, können Sie es entwickeln. Das bedeutet nur, dass Sie auf Ihrem Weg die Werkzeuge anfertigen müssen, statt sich auf den Gebrauch derer zu beschränken, die Ihnen in die Wiege gelegt worden sind. Es wird für Sie EINFACHER sein, in einem Beruf Erfolg zu haben, für den Sie schon die Talente in einem gut entwickelten Stadium mitbringen, doch Sie KÖNNEN sicherlich in jeder Berufung erfolgreich sein, weil Sie jedes rudimentäre Talent entwickeln können, und es gibt kein Talent, für das Sie nicht wenigstens die Grundvoraussetzung mitbringen würden.

Wenn Sie das tun, für das Sie sich am meisten eignen, werden Sie mit den geringsten Anstrengungen und am leichtesten reich werden, doch Sie werden mit der größten Befriedigung reich werden, wenn Sie das tun, was Sie tun WOLLEN.

Zu tun, was Sie wollen, bedeutet zu leben, und es gibt keine echte Befriedigung im Leben, wenn wir gezwungen sind, auf Dauer etwas zu tun, was wir nicht gerne machen, und nie das tun können, was wir tun wollen. Und es ist sicher, dass Sie tun können, was Sie tun wollen; der *Drang*, es zu tun, ist der Beweis, dass in Ihnen die Kraft steckt, die es tun *kann*.

Ein Drang ist eine Manifestierung von Kraft.

Der Drang, Musik zu spielen, ist die Kraft, die Musik spielen kann und danach strebt, sich Ausdruck zu verleihen und zu entfalten. Der Drang, mechanische Geräte zu erfinden, ist das mechanische Talent, das nach seinem Ausdruck und seiner Entfaltung strebt.

Wo keine Kraft – ob entwickelt oder nicht – ist, etwas zu tun, besteht auch niemals der Drang, es zu tun; und ein starkes Verlangen, etwas zu tun, ist ein sicherer Beweis dafür, dass die Kraft, es zu tun, stark ist und nur entwickelt und auf die richtige Weise angewendet werden muss.

Wenn alle anderen Kriterien gleichwertig sind, ist es am besten, sich die Tätigkeit auszusuchen, für die Sie die am meisten entwickelten Fähigkeiten haben, doch wenn Sie einen starken Drang verspüren, eine bestimmte Tätigkeit auszuüben, sollten Sie sich diese Arbeit als Ihr endgültiges Ziel aussuchen.

Sie können tun, was Sie tun wollen, und es ist Ihr Recht und Privileg, die Tätigkeit oder Berufung zu verfolgen, die am angenehmsten für Sie ist und Ihnen am meisten entspricht.

Sie sind nicht verpflichtet, etwas auszuüben, was Ihnen keinen Spaß macht, und Sie sollten es auch nicht tun, außer als Mittel zum Zweck, um Sie an das heranzuführen, was Sie tun wollen.

Wenn Sie in der Vergangenheit Fehler gemacht haben, deren Folgen Sie in eine unerwünschte Tätigkeit oder Umgebung gebracht haben, kann es sein, dass Sie gezwungen sind, eine Zeit lang etwas zu tun, was Ihnen nicht gefällt, doch Sie können sich die Tätigkeit erleichtern, indem Sie sich klarmachen, dass sie es Ihnen ermöglicht, das zu verwirklichen, was Sie tun wollen.

Handeln Sie nicht zu hastig im Versuch, in eine andere Tätigkeit überzuwechseln, wenn Sie das Gefühl haben, nicht den richtigen Beruf auszuüben. Im Allgemeinen ist der beste Wechsel eines Berufs oder einer Umgebung der, der durch Wachstum erfolgt.

Schrecken Sie nicht davor zurück, eine plötzliche und radikale Änderung zu machen, wenn sich die Gelegenheit auftut und Sie nach sorgfältiger Überprüfung spüren, dass es sich um die richtige Gelegenheit handelt, doch handeln Sie niemals plötzlich oder radikal, wenn Sie Zweifel haben, ob der Schritt klug ist.

Auf der schöpferischen Ebene besteht nie Eile und auch kein Mangel an Gelegenheiten.

Wenn Sie den konkurrierenden Geist aufgeben, werden Sie verstehen, dass Sie nie hastig handeln müssen. Kein anderer wird Ihnen in der Sache, die Sie tun wollen, zuvorkommen; es ist genug für alle da. Wenn ein Platz besetzt ist, wird ein kleines Stück weiter ein anderer und noch besserer Platz frei für Sie; Sie haben genug Zeit. Wenn Sie Zweifel haben, warten Sie. Kehren Sie dazu zurück, an Ihre Vision zu denken, verstärken Sie Ihren Glauben und Ihr Ziel und kultivieren Sie in Zeiten des Zweifels und der Unentschlossenheit unbedingt Dankbarkeit.

Wenn Sie einen oder zwei Tage damit verbringen, sich das, was Sie sich wünschen, in Gedanken vorzustellen, und dabei aufrichtig dankbar dafür sind, dass Sie es bekommen werden, wird das Ihren Geist in einen so engen Bezug mit der höchsten Macht bringen, dass Sie keine Fehler machen, wenn Sie handeln.

Es gibt einen Geist, der alles weiß, was es zu wissen gibt, und Sie können sich durch Ihren Glauben und das Ziel, im Leben weiterzukommen, mit diesem Geist eng verbünden, wenn Sie eine tiefe Dankbarkeit empfinden.

Fehler entstehen durch Hast oder Angst und Zweifel beim Handeln oder wenn man das richtige Motiv vergisst, das mehr Leben für alle ist und für niemanden weniger Leben bedeutet.

Wenn Sie auf die richtige Art und Weise weitermachen, werden die Gelegenheiten in erhöhter Anzahl zu Ihnen kommen und Sie müssen in Ihrem Glauben und Ihrem Ziel sehr beharrlich sein und durch ehrfürchtige Dankbarkeit in enger Verbindung mit dem allumfassenden Geist bleiben.

Tun Sie jeden Tag alles, was Sie tun können, auf eine perfekte Weise, doch tun Sie es ohne Hast, Angst oder Sorgen. Gehen Sie so schnell Sie können, doch beeilen Sie sich nie.

Denken Sie daran, dass Sie in dem Augenblick, in dem Sie anfangen zu hasten, aufhören, ein Erschaffer zu sein, und zum Konkurrenten werden. Dann fallen Sie auf die alte Stufe zurück.

Halten Sie inne, wann immer Sie feststellen, dass Sie hastig werden. Richten Sie Ihre Aufmerksamkeit auf das geistige Bild der Sache, die Sie erreichen wollen, und fangen Sie an, sich dafür zu bedanken, dass Sie sie bekommen. Die Praxis der DANKBARKEIT wird Ihren Glauben immer stärken und Ihr Ziel stets erneuern.

KAPITEL 14

Wachstum übermitteln

EGAL ob Sie sich beruflich verändern oder nicht, Ihre gegenwärtigen Handlungen müssen Handlungen sein, die sich auf die Tätigkeit beziehen, die Sie jetzt ausführen.

Sie können in die Tätigkeit einsteigen, die Sie sich wünschen, indem Sie sich die Tätigkeit, in der Sie schon etabliert sind, konstruktiv zunutze machen, dadurch dass Sie Ihre tägliche Arbeit auf eine bestimmte Weise verrichten.

Und insofern Ihre Tätigkeit darin besteht, mit anderen Menschen umzugehen, ob persönlich oder schriftlich, muss der Schlüsselgedanke all Ihrer Bemühungen sein, dem Geist dieser Menschen den Gedanken von Wachstum zu übermitteln.

Wachstum ist das, wonach alle Männer und Frauen streben; es ist der Drang der formlosen Intelligenz in ihnen, sich vollständiger zum Ausdruck zu bringen.

Das Verlangen nach Wachstum steckt in der gesamten Natur; es ist der fundamentale Impuls des Universums. Alle menschlichen Aktivitäten basieren auf dem Drang nach Wachstum. Die Menschen streben nach mehr Nahrung, mehr Kleidung, einem komfortableren Zuhause, mehr Luxus, mehr Schönheit, mehr Wissen, mehr Spaß – mehr Wachstum, mehr Leben.

Jedes Lebewesen unterliegt dieser Notwendigkeit nach ständigem Weiterkommen. Sobald das Wachstum des Lebens aufhört, setzen Auflösung und Tod ein.

Das ist dem Menschen instinktiv bewusst und deshalb strebt er ständig nach mehr. Dieses Gesetz des ewigen Wachstums wird von Jesus im Gleichnis der Begabungen aufgezeigt: »Denn wer hat, dem wird gegeben werden, und er wird die

Fülle haben; wer aber nicht hat, dem wird auch das, was er hat, genommen werden.« (Matthäus 25,29)

Das normale Verlangen nach mehr Reichtum ist nichts Böses oder Abstoßendes; es ist nur die Sehnsucht nach einem reicheren Leben; es ist die Aspiration.

Und weil das der stärkste Instinkt des menschlichen Wesens ist, werden alle Männer und Frauen von dem angezogen, was ihnen mehr Mittel zum Leben geben kann.

Wenn Sie auf die richtige Art und Weise denken und handeln, wie beschrieben, erleben Sie ein ständiges Wachstum für Ihr eigenes Leben und inspirieren gleichzeitig alle, mit denen Sie zu tun haben.

Sie sind ein schöpferisches Zentrum, aus dem Wachstum für alle abgegeben wird.

Seien Sie sich dessen sicher, und vermitteln Sie diese sichere Tatsache allen Männern, Frauen und Kindern, mit denen Sie in Berührung kommen. Unabhängig davon, wie geringfügig die Transaktion auch sein mag – selbst wenn Sie nur einem kleinen Kind einen Lutscher verkaufen –, legen Sie den Gedanken an Wachstum in Ihre Handlung und vergewissern Sie sich, dass Sie den Gedanken an Ihren Mitmenschen weitergegeben haben.

Vermitteln Sie den Eindruck von Wachstum bei allem, was Sie tun, damit alle Leute den Eindruck erhalten, dass Sie ein Mensch sind, der vorankommt, und dass Sie alle fördern, die mit Ihnen zu tun haben. Geben Sie den Gedanken an Wachstum sogar an Leute weiter, mit denen Sie ohne jedes geschäftliche Interesse privat zusammenkommen und denen Sie nichts verkaufen wollen.

Sie können diesen Eindruck vermitteln, indem Sie an dem unerschütterlichen Glauben festhalten, dass Sie selbst auf dem Weg zum Wachstum sind, und indem Sie jede Ihrer Handlungen von diesem Glauben inspirieren, erfüllen und durchdringen lassen.

Tun Sie alles, was Sie tun, mit der festen Überzeugung, dass Sie eine Persönlichkeit sind, die weiterkommt, und dass Sie auch jeden anderen weiterbringen.

Spüren Sie, dass Sie reich werden und dass Sie dabei andere reich machen und jedem Vorteile verschaffen.

Prahlen Sie nicht mit Ihrem Erfolg und sprechen Sie nicht unnötig darüber. Wahrer Glaube ist niemals prahlerisch.

Wann immer Sie auf einen Angeber treffen, treffen Sie auf jemanden, der insgeheim voller Unsicherheit und Ängste ist. Spüren Sie einfach nur den Glauben und lassen Sie ihn bei jeder Transaktion zur Geltung kommen. Lassen Sie jede Handlung, jeden Ton und jeden Blick die stille Überzeugung ausdrücken, dass Sie reich werden, dass Sie schon reich sind. Worte werden niemals nötig sein, um anderen dieses Gefühl zu übermitteln; sie werden in Ihrer Gegenwart das Gefühl von Wachstum spüren und weiter von Ihnen angezogen werden.

Sie müssen andere so beeindrucken, dass diese bei sich selbst Wachstum feststellen, wenn sie mit Ihnen zu tun haben. Achten Sie darauf, dass Sie ihnen einen höheren Nutzwert geben, als Sie von ihnen erhalten.

Seien Sie ehrlich stolz darauf, das zu tun, und lassen Sie es jeden wissen; dann werden Sie keinen Mangel an Kunden haben. Die Leute gehen dahin, wo man ihnen Wachstum bietet, und die höchste Macht, die in allem nach Wachstum strebt und die alles weiß, wird Männer und Frauen in Ihre Richtung bewegen, die noch nie von Ihnen gehört haben. Ihr Geschäft wird rapide wachsen, und Sie werden über die unerwarteten Vorteile staunen, die sich Ihnen bieten werden. Sie werden in der Lage sein, jeden Tag größere Kombinationen zu machen, sich größere Vorteile zu sichern und in eine passendere Tätigkeit überzuwechseln, wenn Sie es wünschen.

Doch während Sie all dies tun, dürfen Sie nie die Vision dessen, was Sie wollen, oder Ihr Ziel und den Glauben, dass Ihr Wunsch in Erfüllung geht, aus den Augen verlieren.

Lassen Sie mich hier noch ein Wort der Warnung bezüglich der Motive einfügen.

Vorsicht vor der heimtückischen Versuchung, nach Macht über andere zu streben!

Für den ungeformten oder nur zum Teil entwickelten Geist ist nichts so verlockend wie die Ausübung von Macht oder Herrschaft über andere. *Der Drang, zur egoistischen Befriedigung Macht auszuüben, war schon immer der Fluch der Welt.* Seit jeher haben Herrscher und Könige die Erde mit dem Blut ihrer Schlachten überflutet, um ihre Macht auszuweiten – nicht, um mehr Leben für alle zu erreichen, sondern um mehr Macht für sich selbst zu erhalten.

Heutzutage ist es das Hauptmotiv der Wirtschaft und Industrie. Menschen mobilisieren ihre Armeen aus Dollar und vernichten das Leben und die Seele von Millionen im selben wahnsinnigen Versuch, Macht über andere zu erreichen. Wirtschaftsbosse werden genauso wie politische Herrscher von der Lust nach Macht inspiriert.

Jesus erkannte in diesem Drang nach Herrschertum den Bewegungsimpuls jener bösartigen Welt, die er stürzen wollte. In Matthäus, Kapitel 23 die Lust der Pharisäer beschrieben, »Meister« genannt zu werden, in hohen Positionen zu sitzen, andere zu dominieren und den weniger Glücklichen Lasten aufzuerlegen; und beachten Sie, wie diese Lust auf Macht mit dem brüderlichen Streben nach dem Glück für alle, zu dem Jesus seine Jünger auffordert, verglichen wird.

Meiden Sie die Versuchung, nach Autorität zu streben, ein »Meister« zu werden, als jemand angesehen zu werden, der über der gemeinen Herde steht, andere durch verschwenderisches Gehabe beeindrucken zu wollen und so weiter.

Der Geist, der nach Herrschaft über andere strebt, ist der konkurrierende Geist, und der konkurrierende Geist ist nicht der schöpferische Geist. Um Ihre Umwelt und Ihr Schicksal zu meistern, ist es nicht nötig, dass Sie über Ihre Mitmenschen herrschen. Tatsache ist, wenn Sie dem Streben der Welt nach hohen Positionen verfallen, fangen Sie an, vom Schicksal und Ihrer Umwelt besiegt zu werden, und Ihr Reichwerden wird eine Frage des Zufalls und der Spekulationen.

Vorsicht vor dem konkurrierenden Geist! Das Prinzip der schöpferischen Handlung lässt sich nicht besser formulieren als durch die Lieblingsaussage des verstorbenen »Golden Rule« Jones von Toledo: »Was ich für mich selber will, will ich auch für alle anderen.«

KAPITEL 15

Im Leben weiterkommen

WAS ich im letzten Kapitel gesagt habe, gilt sowohl für Akademiker und Arbeiter als auch für Geschäftsleute.

Egal ob Sie ein Arzt, Lehrer oder Pfarrer sind – wenn Sie anderen mehr Leben geben und ihnen diese Tatsache vermitteln können, werden sie von Ihnen angezogen und Sie werden reich werden. Der Arzt, der an der Vision von sich selbst als großer und erfolgreicher Heiler festhält und der überzeugt und zielorientiert auf die vollständige Umsetzung dieser Vision wie in den vorausgegangenen Kapiteln beschrieben hinarbeitet, wird eine so enge Verbindung mit der Quelle des Lebens bewirken, dass er umwerfend erfolgreich sein wird – die Patienten werden in Scharen zu ihm kommen.

Niemand hat eine bessere Gelegenheit, die Lehren dieses Buches umzusetzen, als ein Mediziner. Es macht keinen Unterschied, welcher der verschiedenen Schulen er angehört, da das Prinzip des Heilens sie alle verbindet und alle gleichermaßen Zugang dazu haben. Der Mediziner, der weiterkommt, der ein klares geistiges Bild von seinem Erfolg vor Augen hat und der die Gesetze des Glaubens, der Zielsetzung und der Dankbarkeit befolgt, wird – unabhängig von den Medikamenten, die er anwendet – jeden heilbaren Krankheitsfall heilen, um den er sich kümmert.

Auf dem Gebiet der Religion schreit die Welt nach dem Seelsorger, der seinen Zuhörern die wahre Wissenschaft des Lebens im Überfluss vermitteln kann. Wer die Inhalte der Wissenschaft des Reichwerdens zusammen mit den verwandten Wissenschaften des Wohlbefindens, des Gutseins und der Liebe begriffen hat, und wer diese Inhalte von der Kanzel predigt, wird sich nie über einen Mangel an Gottesdienstbesuchern beklagen müssen. Das ist das Evangelium, das die Welt braucht. Es wird dem Leben Wachstum bescheren, und die Menschen werden es gerne hören und den Menschen, der es ihnen übermittelt, großzügig unterstützen.

Was heute gebraucht wird, ist eine Demonstration der Wissenschaft des Lebens auf der Kanzel. Wir brauchen Prediger, die uns nicht nur sagen können, sondern auch durch ihre eigene Person zeigen, wie es geht. Wir brauchen den Prediger, der selbst reich, gesund, großartig ist und geliebt wird und der uns zeigt, wie auch wir diese Dinge erreichen können und wenn er kommt, wird er eine große und treue Anhängerschaft vorfinden.

Dasselbe gilt für den Lehrer, der die Schüler mit dem Glauben an und dem Ziel des wachsenden Lebens inspirieren kann. Er wird nie »arbeitslos« werden. Und jeder Lehrer, der diesen Glauben und dieses Ziel hat, kann beides an seine Schüler weitergeben. Wenn es Teil seines eigenen Lebens und Alltags ist, kann er gar nicht anders, als es zu vermitteln.

Was für den Lehrer, Pfarrer und Arzt gilt, gilt auch für den Anwalt, den Zahnarzt, den Makler, den Versicherungsvertreter – für jeden.

Wer es schafft Denken und Handeln so zu vereinen, ist unschlagbar. Er kann gar nicht scheitern. Jeder Mensch, der diese Anleitungen stetig, beharrlich und genau befolgt, wird reich werden. Das Gesetz des Wachstums des Lebens ist in seiner Anwendung so mathematisch erwiesen wie das Gesetz der Schwerkraft. Reichwerden ist eine exakte Wissenschaft.

Der Arbeiter wird dies in seinem Fall genauso feststellen wie die Vertreter alle anderen Berufssparten, die ich erwähnt habe. Gehen Sie ja nicht davon aus, dass Sie keine Chance haben, reich zu werden, weil Sie einen Beruf ausüben, für den es keine sichtbare Chance auf Vorwärtskommen gibt, in dem der Lohn niedrig ist, während die Lebenskosten hoch sind. Formen Sie

Ihre klare geistige Vision dessen, was Sie wollen, und fangen Sie an, überzeugt und zielorientiert zu handeln.

Führen Sie jeden Tag jede Arbeit, zu der Sie fähig sind, und jede Aufgabe, die Sie erledigen können, auf eine perfekte, erfolgreiche Weise aus. Stecken Sie die Kraft des Erfolgs und Ihrer Vision, reich zu werden, in alles, was Sie tun.

Doch tun Sie das nicht bloß mit dem Vorhaben, Ihrem Arbeitgeber zu gefallen, in der Hoffnung, dass er oder Ihre Vorgesetzten Ihre gute Arbeit erkennen und Sie befördern werden; dass sie das tun, ist unwahrscheinlich.

Der Angestellte, der nur ein »guter« Mitarbeiter ist, der seine Stelle so gut er kann ausfüllt und sich damit zufriedengibt, ist für seinen Arbeitgeber wertvoll, und es ist nicht im Interesse des Arbeitgebers, ihn zu befördern. Er ist dort, wo er jetzt ist, mehr wert.

Um Ihr Vorankommen sicherzustellen, bedarf es mehr, als nur zu groß für Ihren derzeitigen Platz auf der Welt zu sein.

Der Mensch, der mit Sicherheit vorwärts kommt, ist derjenige, der für seinen Platz zu groß ist und der ein klares Konzept von dem, was er sein will, hat, der weiß, dass er das werden kann, was er sein will, und der entschlossen ist, das zu SEIN, was er sein will.

Versuchen Sie nicht, Ihre jetzige Position mehr als auszufüllen, um Ihrem Arbeitgeber zu gefallen; tun Sie es aus dem Grund, um selbst weiterzukommen. Behalten Sie während der Arbeitszeit sowie vor und nach der Arbeit den Glauben und das Ziel des Wachstums im Auge. Halten Sie so daran fest, dass jeder Mensch, der mit Ihnen in Berührung kommt – ob Vorgesetzter, Kollege oder ein Bekannter –, die Kraft der Zielsetzung spürt, die Sie ausstrahlen, sodass Sie jedem das Gefühl von Vorankommen und Wachstum vermitteln. Die Menschen werden von Ihnen angezogen werden, und wenn es keine Möglichkeit gibt, in Ihrem jetzigen Job weiterzukommen, wird sich Ihnen sehr bald eine Gelegenheit auftun, eine andere Tätigkeit auszuführen.

Es gibt eine Macht, die nie aufhört, dem Menschen Gelegenheiten zu liefern, der vorankommt und sich unter Einhaltung des Gesetzes vorwärtsbewegt.

Gott kann gar nicht anders, als Ihnen zu helfen, wenn Sie auf eine bestimmte Weise handeln. Er muss es tun, um sich selbst zu helfen.

Es gibt nichts in Ihrer Situation oder der wirtschaftlichen Lage, was Sie unten halten kann. Wenn Sie nicht reich werden können, während Sie in der Stahlindustrie arbeiten, dann können Sie auf einer Farm von zehn Morgen reich werden, und wenn Sie anfangen, sich auf eine bestimmte Weise vorwärtszubewegen, werden Sie mit Sicherheit den »Fängen« der Stahlindustrie entkommen und zur Farm – oder wo immer sonst es Sie hinzieht – gelangen.

Wenn ein paar Tausend ihrer Mitarbeiter anfangen würden, auf die entsprechende Art und Weise zu handeln, dann würde die Stahlindustrie schon bald in einem ziemlichen Dilemma stecken. Dann müsste sie ihren Arbeitern mehr Chancen bieten – oder das Geschäft aufgeben. Niemand muss für Ausbeuter arbeiten. Die Ausbeuter können Menschen nur so lange in so genannte hoffnungslose Bedingungen hineinzwängen, wie es Menschen gibt, die die Wissenschaft des Reichwerdens entweder nicht kennen oder deren Intellekt zu faul ist, um sie zu praktizieren.

Beginnen Sie mit dieser Weise des Denkens und Handelns, dann werden Ihr Glaube und Ihr Ziel Sie rasch dazu bringen, jede Gelegenheit zu erkennen, durch die Sie Ihre Situation verbessern können.

Solche Gelegenheiten werden rasch auftauchen, da die höchste Macht, die in allem aktiv ist und die für Sie arbeitet, sie Ihnen beschaffen wird.

Warten Sie nicht auf eine Chance, die Ihnen alles bietet, was Sie sein wollen. Wenn sich Ihnen jetzt eine Gelegenheit auftut, mehr zu erreichen, als Sie gegenwärtig sind, und Sie sie als verlockend ansehen, dann ergreifen Sie sie auch. Sie wird der erste Schritt zu einer größeren Gelegenheit sein.

Für den Menschen, der das Leben des Wachstums lebt, gibt es im Universum keinen Mangel an Gelegenheiten.

Es liegt in der Natur des Kosmos, dass alle Dinge in seinem Interesse sind und in seinem Interesse zusammenarbeiten, und er wird mit Sicherheit reich, wenn er auf die richtige Weise denkt und handelt. Also lasst die Arbeiter und Arbeiterinnen dieses Buch sorgfältig studieren und voller Vertrauen seine Anleitungen befolgen; sie werden nicht scheitern.

KAPITEL 16

Ein paar warnende Hinweise und Schlussbemerkungen

VIELE Leute werden die Vorstellung ablehnen, dass es eine exakte Wissenschaft gibt, wie man reich wird. Sie werden an der Vorstellung festhalten, dass der Reichtum auf Erden begrenzt ist; sie werden darauf bestehen, dass soziale und staatliche Institutionen geändert werden müssen, bevor eine große Anzahl von Menschen es überhaupt zu etwas bringen kann.

Doch das ist nicht wahr.

Es ist zwar wahr, dass bestehende Regierungen die Massen in Armut halten, doch das geschieht, weil die Massen nicht auf die richtige Art und Weise denken und handeln.

Wenn die Massen anfangen, sich vorwärtszubewegen, wie dieses Buch vorschlägt, dann können weder staatliche noch industrielle Systeme sie in Schach halten. Dann müssen sämtliche Systeme geändert werden, um der Bewegung nach vorne gerecht zu werden.

Wenn die Menschen den Geist des Wachstums besitzen, den Glauben haben, dass sie reich werden können, und sich mit dem festen Ziel, reich zu werden, vorwärtsbewegen, kann sie nichts mehr in Armut halten.

Individuen können jederzeit und unter jeder Regierung anfangen, in der richtigen Weise zu denken und zu handeln, und reich werden, und wenn eine beträchtliche Anzahl von Individuen dies unter einer beliebigen Regierung tut, wird dies dazu führen, dass sich das System ändert, um den Weg für andere frei zu machen.

Je mehr Menschen durch Wettbewerb reich werden, umso schlechter ist das für andere. Je mehr Menschen auf der schöpferischen Ebene reich weren, umso besser ist das für andere.

Die ökonomische Rettung der Massen kann nur erreicht werden, indem eine große Anzahl von Menschen dazu gebracht wird, die wissenschaftliche Methode dieses Buches anzuwenden und reich zu werden. Sie werden anderen den Weg weisen und sie mit dem Drang nach dem wahren Leben, dem Glauben, dass es umgesetzt werden kann, und dem Ziel, es zu erreichen, inspirieren.

Für jetzt reicht es jedoch, zu wissen, dass weder die Regierung, unter der Sie leben, noch das kapitalistische System oder der Wettbewerb der Wirtschaft Sie davon abhalten kann, reich zu werden. Wenn Sie die schöpferische Ebene der Gedanken erreichen, werden Sie sich über all das hinwegsetzen und Bürger eines anderen Königreichs werden.

Doch vergessen Sie nicht, dass Ihre Gedanken auf der schöpferischen Ebene gehalten werden müssen; Sie dürfen sich niemals auch nur für einen Moment dazu verleiten lassen, die Vorräte als begrenzt anzusehen oder auf der moralischen Ebene des Wettbewerbs zu handeln.

Korrigieren Sie sich sofort, wann immer Sie auch nur für einen Augenblick in alte Denkschemata zurückfallen, denn wenn Ihr Geist sich auf der Ebene des Wettbewerbs befindet, arbeiten Sie nicht mit dem Geist des Ganzen zusammen.

Verbringen Sie keine Zeit damit, zu planen, wie Sie in der Zukunft mit eventuellen Notfällen umgehen sollen, außer in dem Fall, in dem notwendige Absicherungen Ihre heutigen Handlungen beeinträchtigen können. Für Sie ist wichtig, die Arbeit von heute auf eine absolut erfolgreiche Weise auszuführen, und nicht, welche Probleme morgen auftauchen könnten. Mit denen können Sie sich befassen, wenn sie auftauchen.

Zerbrechen Sie sich nicht den Kopf darüber, wie Sie künftige geschäftliche Hürden überwinden werden, es sei denn, Sie erkennen eindeutig, dass Sie heute den Kurs ändern müssen, um sie zu umschiffen.

Ganz egal, wie riesig eine Hürde in der Ferne aussehen mag – Sie werden feststellen, dass sie beim Näherkommen verschwinden wird oder dass sich ein Weg über sie hinweg, durch sie hindurch oder um sie herum auftun wird, wenn Sie auf die richtige Art und Weise weitermachen.

Keine mögliche Kombination von Umständen kann einen Menschen besiegen, der gemäß strikter Richtlinien dabei ist, reich zu werden. Kein Mensch, der das Gesetz befolgt, kann *nicht* reich werden – genauso wenig, wie man etwas anderes als 4 herausbekommen kann, wenn man 2 mit 2 multipliziert.

Verschwenden Sie keine Gedanken an eventuelle Desaster, Hürden, Gründe für Panik oder sonstige ungünstige Ketten von Umständen. Es reicht völlig aus, sich mit diesen Dingen zu befassen, wenn sie sich vor Ihnen in der Gegenwart auftun, und Sie werden feststellen, dass jedes Problem die Lösung, wie es überwunden werden kann, mit sich bringt.

Achten Sie auf das, was Sie sagen. Sprechen Sie niemals von sich, Ihren Angelegenheiten oder sonst etwas auf eine entmutigte oder entmutigende Weise.

Geben Sie die Möglichkeit des Scheiterns nie zu, und sprechen Sie nie auf eine Weise, in der Sie Scheitern als eine Möglichkeit in Betracht ziehen.

Sagen Sie nie, dass die Zeiten hart sind oder dass die wirtschaftlichen Bedingungen schlecht sind. Die Zeiten mögen zwar hart sein und die Wirtschaft mag schlecht für die aussehen, die sich auf der Ebene des Wettbewerbs befinden, doch sie können es nie für Sie sein. Sie können erschaffen, was Sie sich wünschen, und Angst kann Sie nicht berühren.

Während andere harte Zeiten durchmachen und ihre Geschäfte schlecht laufen, werden Sie die größten Chancen erkennen.

Trainieren Sie sich dazu, über die Welt als etwas zu denken und sie als etwas zu sehen, was in der Entwicklung ist, was wächst, und scheinbar Schlechtes als etwas zu sehen, was nur unentwickelt ist. Sprechen Sie immer im Sinne von Weiterkommen; es anders zu machen, bedeutet, Ihren Glauben zu verleugnen, und wenn Sie Ihren Glauben verleugnen, verlieren Sie ihn.

Gestatten Sie sich niemals, enttäuscht zu sein. Es kann passieren, dass Sie erwarten, etwas Bestimmtes zu einem bestimmten Zeitpunkt zu erreichen, und wenn das zu diesem Zeitpunkt nicht eintrifft, mag Ihnen das wie ein Misserfolg vorkommen.

Doch wenn Sie an Ihrem Glauben festhalten, werden Sie feststellen, dass der Misserfolg nur scheinbar war.

Machen Sie auf die richtige Art und Weise weiter, und wenn Sie die Sache nicht erhalten, werden Sie etwas so viel Besseres erhalten, dass Sie erkennen werden, dass der scheinbare Misserfolg in Wahrheit ein großer Erfolg ist.

Ein Schüler dieser Wissenschaft hatte beschlossen, ein bestimmtes Geschäftsvorhaben auszuführen, das ihm zu dem Zeitpunkt als sehr begehrenswert erschien, und er arbeitete mehrere Wochen daran, es umzusetzen. Als der geplante Termin gekommen war, scheiterte das Vorhaben auf eine völlig unerklärliche Weise; es war, als hätte eine unsichtbare Macht heimlich gegen ihn gearbeitet. Er war darüber jedoch nicht enttäuscht. Stattdessen dankte er Gott dafür, dass sein Wunsch nicht erfüllt worden war, und ging mit dankbarer Einstellung seinen Weg beharrlich weiter. Ein paar Wochen später eröffnete sich ihm eine so viel bessere Gelegenheit, dass er das erste Vorhaben um nichts auf der Welt mehr ausgeführt hätte, und er erkannte, dass ein Geist, der mehr wusste als er, ihn davor bewahrt hatte, die größere Chance zu verlieren, indem er sich in die geringere hineingekniet hätte.

Das ist die Weise, wie sich jeder scheinbare Misserfolg für Sie zum Guten wenden wird, wenn Sie Ihren Glauben aufrechterhalten, an Ihrem Ziel festhalten, Dankbarkeit empfinden und jeden Tag alles, was an diesem Tag getan werden kann, tun, wobei jede einzelne Handlung auf eine erfolgreiche Weise ausgeführt wird.

Wenn Sie einen Misserfolg haben, geschieht dies, weil Sie nicht um genug gebeten haben. Machen Sie weiter, dann wird etwas Größeres als das, wonach Sie gestrebt haben, eintreffen. Vergessen Sie das nicht.

Sie werden nicht scheitern, weil Sie nicht das nötige Talent hätten, um das zu erreichen, was Sie sich wünschen. Wenn Sie weitermachen, wie ich Sie angewiesen habe, werden Sie sämtliche Fähigkeiten entwickeln, die für die Ausführung Ihrer Arbeit notwendig sind.

Es würde dieses Buch sprengen, sich mit der Wissenschaft der Entwicklung von Talenten zu befassen, doch sie ist so sicher und einfach wie der Prozess des Reichwerdens.

Zögern Sie jedoch nicht, und werden Sie nicht unsicher aus Angst, dass Sie, wenn Sie einen bestimmten Platz erreichen, aufgrund von Mangel an Fähigkeiten scheitern werden. Machen Sie einfach weiter, und wenn Sie an diese Stelle kommen, wird Ihnen die Fähigkeit gegeben werden. Dieselbe Quelle der Fähigkeiten, die es Lincoln ohne Vorbildung ermöglichte, die beste Regierungsarbeit zu leisten, die je von einem Einzelnen erreicht worden ist, steht Ihnen offen. Sie haben Zugang zu dem gesamten Geist der Weisheit, den es gibt, wenn Sie die Aufgaben bewältigen, die Ihnen auferlegt werden. Gehen Sie in vollem Glauben Ihren Weg.

Studieren Sie dieses Buch gründlich. Machen Sie es zu Ihrem ständigen Begleiter, bis Sie alle hier enthaltenen Aussagen meistern. Während Sie diese Überzeugung fest in Ihrem Geist verankern, tun Sie gut daran, die meisten Freizeitbeschäftigungen aufzugeben und Orten fernzubleiben, an denen gegenteilige Vorstellungen in Vorträgen oder Predigten ausgeführt werden. Lesen Sie keine pessimistische oder gegensätzliche Literatur und diskutieren Sie auch nicht über das Thema.

Lesen Sie außer den Autoren, die im Vorwort erwähnt werden, nur wenig. Verbringen Sie den größten Teil Ihrer Freizeit damit, über Ihre Vision nachzudenken, Dankbarkeit zu kultivieren und dieses Buch zu lesen. Es enthält alles, was Sie über die Wissenschaft, reich zu werden, wissen müssen, und Sie finden eine Zusammenfassung aller wesentlichen Punkte im folgenden Kapitel.

KAPITEL 17

Zusammenfassung der Wissenschaft des Reichwerdens

ES gibt eine denkende Substanz, aus der alle Dinge gemacht sind und die in ihrem ursprünglichen Zustand die Zwischenräume des Universums durchdringt und ausfüllt.

Ein Gedanke in dieser Substanz erschafft die Sache, die der Gedanke bildhaft ausdrückt.

Der Mensch kann in Gedanken Dinge formen, und indem er seine Gedanken der formlosen Substanz als Eindruck übermittelt, kann er die Erschaffung der Sache verursachen, an deren Erschaffung er denkt.

Um das zu tun, muss der Mensch von der Ebene des Wettbewerbs auf die schöpferische Ebene überwechseln, sonst kann er nicht in Einklang mit der formlosen Intelligenz leben, deren Geist immer schöpferisch und nie konkurrierend ist.

Der Mensch kann einen vollständigen Einklang mit der formlosen Substanz erreichen, wenn er für den Segen, den sie ihm beschert, tiefe und aufrichtige Dankbarkeit empfindet. Dankbarkeit verbindet den Geist des Menschen mit der Intelligenz der Substanz, sodass die Gedanken des Menschen von der formlosen Substanz empfangen werden können. Der Mensch kann nur auf der schöpferischen Ebene bleiben, indem er sich durch ein tiefes und dauerhaftes Gefühl der Dankbarkeit mit der formlosen Intelligenz vereint.

Der Mensch muss im Geiste ein klares und gut definiertes Bild der Dinge, die er haben, tun oder werden will, formen, und er muss dieses geistige Bild in seinen Gedanken aufrechterhalten, während er der höchsten Macht dankbar dafür ist, dass all seine Wünsche erfüllt werden. Der Mensch, der reich werden will, muss seine Freizeit damit verbringen, an seine Vision zu denken und aufrichtige Dankbarkeit dafür, dass sie in die Realität umgesetzt wird, zu empfinden. Wie wichtig es ist, sich das geistige Bild häufig in allen Einzelheiten vorzustellen, verbunden mit unerschütterlichem Glauben und demütiger Dankbarkeit, kann gar nicht genug betont werden. Das ist der Prozess, durch den der Eindruck an das Formlose weitergegeben wird und sich die schöpferischen Kräfte in Bewegung setzen.

Die schöpferische Energie wird durch die etablierten Kanäle des natürlichen Wachstums und der wirtschaftlichen und gesellschaftlichen Ordnung aktiv. Alles, was in seinem geistigen Bild enthalten ist, wird dem Menschen, der die obigen Anleitungen befolgt und dessen Glaube nicht wankt, mit Sicherheit geliefert werden. Das, was er will, wird über die etablierten Wege von Industrie und Handel zu ihm gelangen.

Um das, was ihm zusteht, zu empfangen, muss der Mensch aktiv sein, und diese Aktivität kann nur darin bestehen, dass er seinem derzeitigen Platz mehr als gerecht wird. Er muss das Ziel, durch die Umsetzung seines geistigen Bilds reich zu werden, im Auge behalten. Und er muss jeden Tag alles, was an diesem Tag getan werden kann, tun und darauf achten, dass jede Handlung auf eine erfolgreiche Weise ausgeführt wird. Er muss jedem Menschen einen Nutzwert geben, der den Geldwert übersteigt, den er erhält, damit jede Transaktion zu mehr Leben beisteuert, und er muss an dem Gedanken des Weiterkommens so festhalten, dass der Eindruck des Wachstums allen vermittelt wird, mit denen er in Berührung kommt.

Die Menschen, die diese Anweisungen befolgen, werden mit Sicherheit reich werden, und die Reichtümer, die sie erhalten, werden in ihren Proportionen der Genauigkeit ihrer Vision, der Bestimmtheit ihres Ziels, der Festigkeit ihres Glaubens und der Tiefe ihrer Dankbarkeit exakt entsprechen.

Ende